# 水墨画图式语言与
# 自然式植物造景

Study on Natural Plant Landscaping Based on
the Schema Language of Wash Painting

张凯云 王 浩 著

东南大学出版社·南京

# 摘　要

　　植物是人居环境中重要的景观元素,与地形、水体、建筑等其他园林要素共同构成丰富多彩的环境。近年来随着人们生态、环境意识的加强,自然式植物造景被更多地关注和重视。本书在分析水墨画图式语言和自然式植物造景的历史渊源及相关研究理论及技术的基础上,总结了基于水墨画图式语言的自然式植物造景形式原则,并从水墨画图式语言的具体形式入手,提出了自然式植物造景理论与方法体系,详细探讨了自然式植物造景的形式语言,具体内容包括:

　　(一)基于水墨画的宏观图式语言,提出自然式植物造景的形式原则为:置陈布势、宾主相辅、疏密得当、开合收放、以虚衬实、均衡统一。

　　(二)借鉴水墨画的构图语言,提出自然式植物造景的主要平面布局形态为:基于"井"字四位法的焦点式布局、基于无中心(多中心)构图的散点式布局、基于"S"律动的曲线形布局、基于边角构图的"金角银边"布局、基于满构图的密植布局、基于环形构图的围合布局等,以及基于题款用印的植物与其他景观元素的布局平衡。

　　(三)将水墨画极其简练的黑白空间语言引入自然式植物造景,提出植物空间的主要形态为:基于"白"的植物开敞空间、基于"黑"的密林及覆盖空间、基于"开"的半开敞空间以及基于"合"的封闭、半封闭空间。

　　(四)借助地形等高线原理和图像栅格化等处理技术,将水墨画的墨色层次与植物造景的立面结构进行比较研究,尝试将水墨画卷转化为一幅幅植物景观设计图,使借鉴水墨画图式语言的构想成为现实。

　　(五)从水墨画的墨与色彩的运用中,找出自然式植物造景中可借鉴的色彩语言,提出基于色相变化、明度变化以及饱和度变化的配置方法。

　　(六)基于水墨画诗情画意的表达,总结出适用于新时代植物造景的意境语言,其由四个方面组成:传统、现代及地域文化属性的影响以及植物自身的情感语言。

　　大自然是自然式植物造景设计创作的源泉,本书从全新的角度重新审视自然式植物景观形式特征,以新中国多处自然式经典植物景观为实例,论述了水墨画图式语言和自然式植物造景之间的关系,并尝试将研究成果运用于实践项目中加以验证。

　　本文综合运用了比较分析、归纳总结、案例分析等研究方法,以水墨画、设计图纸、实地考察的图片以及卫星影像为研究基础材料,找出它们之间的耦合关系,从更高的层面认识和审视自然式植物造景的形式结构,研究基于水墨画图式语言的自然式植物造景研究的科学性和可行性。

**关键词**:风景园林、自然式植物造景、水墨画、平面布局、空间形态

# Abstract

Plants form an important landscape element in human residential environment. They give variety to the environment together with other landscape elements such as landforms, buildings and bodies of water. In recent years, with the strengthening of people's ecological and environmental awareness, natural plant landscaping has been receiving more concern and attention. By analyzing the schema language of wash painting, the history of natural plant landscaping and relative theories and techniques, this work sums up the forms and principles of natural plant landscaping based on the schema language of wash painting. Starting with the specific forms of schema language of wash painting, this work proposes the method and theoretical system of natural plant landscaping and probes into the form language of natural plant landscaping. The content of this work includes:

Ⅰ. Based on the macroscopic schema language of wash painting, this work puts forward the form principles of natural plant landscaping: the setting of formation and outward appearance of natural objects, the full accordance of primary and secondary, the appropriateness of density and spacing, the back-and-forth of opening and closing, the setting off of excess by deficiency, the harmony and balancing of the surrounding.

Ⅱ. Using schema language of wash painting as reference, this work presents the following main forms of flat layout of natural plant landscaping: the focus type layout based on the principle of the Chinese character "井", the scattered points layout based on central-free (or polycentric) composition, the curvilinear composition based on "S" rhythm, the golden-corner-and-silver-edge layout based on the idea of corner composition, the close planting based on the idea of drawings taking up all the area, the enclosure layout based on the idea of ring-like composition and the balanced layout of plants with other landscape elements based on the idea of balanced layout of title and seal on a wash painting.

Ⅲ. Applying the black-and-white space language of wash painting to the natural plant landscaping, this work points out that the forms of plant space mainly are: the "white" open space, the "black" dense plants, the semi-open space, the close and semi-close space.

Ⅳ. By using the theory of topographic contour and the technique of rasterization of pictures, this work compares the ink layers of wash painting with the facade structure of plant landscaping and tries to turn the scroll painting into blueprints of plant landscaping, therefore, realize the idea of borrowing the schema language of wash painting into the design of landscapes.

Ⅴ. By examining the use of ink and color of wash paintings, this work tries to find out the color language that can be used in natural plant landscaping and proposes the methods of disposition based on changes of color, lightness and degree of saturation.

Ⅵ. By understanding the poetic illusion of wash painting, this work summarizes the four aspects of the artistic conception of plant landscaping for modern age: the influence of traditional, modern and regional cultures and the emotional language of plants themselves.

Nature is the source of natural plant landscaping design. By taking examples from various classical natural plant landscaping designed after the founding of the People's Republic of china, this work reexamineed the features of natural plant landscaping from a new angle, relates and analyses the relationship between the schema language of wash painting and the natural plant landscaping and also tries to apply the research findings to practice programs in order to test and verify the findings.

By using wash paintings, design papers, pictures taken from on-the-spot investigations and satellite pictures as its research materials and by putting to use methods of comparison, induction and case analyses, this work tries to find the linking among them, therefore, get to know and survey the forms and structures of natural plant landscaping form a higher level, to the final end of studying the scientificity and feasibility of natural plant landscaping base on the schema language of water painting.

**Key Words:** landscape architecture, natural plant landscaping, wash painting, flat layout, spatial pattern

# 目　录

# 1 绪 论

## 1.1 研究缘起与背景

### 1.1.1 研究缘起

  中国是世界园林艺术起源最早的国家之一。至今已有 3000 多年历史的中国传统园林对世界园林产生了重大的影响,被德国著名学者温泽(Ludwig A. Unzer)誉为"一切园林艺术的典范"[1][2]。作为园林的有机组成部分,中国的植物造景也有着鲜明的特色。中国古代社会以农为本,研究自然式植物造景具有悠久的历史,在种植技术的长期演变发展过程中,积累了一整套适合中国自然条件、人文传统和社会生活的优秀经验,并在造景时创造性地将植物品格提升到人格的高度加以颂扬。这一传统在历代画家的作品中得以体现,如宋代李成的绘画作品中以植物为近景,体现出中国古代文人对植物的喜爱(图 1-1)[3]。

  随着时代的发展,中国当代人民对人居环境的要求越来越高,城市规划、环境建设也更加理性和科

图 1-1 〔宋〕李成《寒林平野图》
**Fig. 1-1** *Cypress on the Open Plain in Midwinter*

图片来源* :《中国画构图大全》

---

  * 本书中未注图片来源的图为作者自制。

学,风景园林建设和研究工作也随之进入了一个全新的阶段。自然式植物造景艺术作为人居环境建设的重要组成部分,在实践和理论两大领域都有了很大的成就,焕发出新的生命力和创造力,全国各地涌现出许多以植物景观为主的园林绿地,形势可喜(图1-2)。虽然自然式植物造景实践运用已经相当广泛,但以往对于自然式植物造景布局与空间结构的理论研究,一般还只是停留在几个大的美学原则的把握上。这些基本原则反映了事物形式美的普遍规律,但是如果将它们直接应用于植物造景领域就显得笼统和模糊。许多风景园林工作者凭借经验和对植物美学的理解进行植物造景,尽管不乏成功的案例,但也有许多值得商榷之处,植物造景理论研究工作显得格外重要。如何总结出一套更具针对性和操作性的自然式植物造景方法,成为目前风景园林工作的一个课题。

图 1-2　以植物景观为主的城市绿地
Fig. 1-2　Urban green space based on plant landscape

　　鉴于人类对于形式美感知的一致性,从已经相对成熟的美学理论中寻找可借鉴的语言,从形式美的共性出发,希望总结出一套切实可行的自然式植物造景的方法与理论并应用于实践工作。

## 1.1.2　研究背景

　　随着生态意识的增强和人居环境建设的快速发展,人们普遍产生了对自然环境的追求,生态意义重大的自然植物景观因而日益受到人们的重视。自然式植物造景在中国虽然古已有之,但纵观园林理论系统,这方面的系统研究还为数较少或停留在宏观的层面,这种现状很难满足当前空前繁荣的园林建设要求。

有许多学者专家对自然式植物造景进行了理论研究,其中不乏追溯园林与中国画的渊源的,但是一般都局限于历史传承关系以及宏观的美学原则方面的研究,从具体的语言上将二者进行对比研究的理论探讨还很少。从目前的理论研究现状看,指导植物造景的美学原则主要体现在以下三个层面:

(一)宏观通用层面:即对植物造景进行宏观原则的把握,如遵循多样统一的原则、调和的原则、均衡的原则、韵律和节奏的原则等,这些原则几乎可以指导所有的艺术形式,也包括植物造景。但在进行具体的实践工作时,这些笼统的艺术法则显得难以把握和体现,往往需要园林设计师的个人经验和美学修养,不易掌握。

(二)中观结构层面:即针对具体的场地条件,在总体规划的指导下,对植物造景进行平面布局、立面结构、空间形态等方面的结构布局的规划设计。中观结构层面是园林总体规划设计中的一个重要的层面,是将植物造景意图落实于场地的具体过程,是形成植物景观整体艺术性的重要阶段。但目前对于中观结构层面的理论尚缺乏深入的研究。

(三)微观设计层面:是针对植物造景局部细节的设计层面,往往体现小场地的景观美感,如具体植株之间的形态、数量、色彩、质感对比,或关系到园林植物景观局部构图的艺术手法。微观设计对形成小场地或局部的植物景观效果具有重要的意义。

近年来,中国城市化进程日益加快,城市人口急剧增加。20世纪五六十年代发生在欧美一些发达国家的城市与环境问题,不可避免地在中国许多地方重演了,有些城市和地区的情况甚至更为严重。城市环境质量每况愈下,城市居民普遍产生对自然环境的追求,人们渴望回归大自然,渴望拥有新鲜的空气、和煦的阳光,对以植物造景为主的环境建设的要求也日益强烈。自然的人居环境能给久居城市的人们带来巨大的精神慰藉,让人回归到最朴实自然的情感状态,放松身心,消除城市压力给人的负面影响。因此,自然式植物造景在今天有着更为迫切的需求。20世纪90年代末以来,我国风景园林建设空前繁荣,但其中植物造景工作却存在着种种问题。在历经了"草坪风""大树风""欧陆风"等模仿西方的规整式园林植物造景的阶段之后,伴随着人们对自然的向往,崇尚自然、追求自然已逐渐成为一种趋势,"以自然为本"的设计理念已为园林设计师们所接受和追求,提倡自然美的"自然风"植物景观已成为植物造景工作的新潮流。

回顾那些曾经出现的植物造景误区,它们的出现固然有复杂的社会文化原因,但缺乏理论的指导,对园林植物造景生态及美学规律认识不清也是其中的主要原因之一。在设计手法上,一些园林设计师认为中国传统的自然式植物造景已经落伍了,在面对西方形形色色的园林流派时,丧失了文化自尊和自信,缺乏理性的认知和思考,误以为照搬西方的园林形式就是引进西方先进经验,盲目抄袭那些并不适合于中国的园林植物造景手法,导致国内一段时间内风景园林设计风格混杂,到处是修剪的绿篱、尺度巨大的草坪,地域文化特色消失殆尽。也有的设计师在现代风景园林大环境中盲目复古,视传统园林种植设计形式为法宝,运用在任何环境都可以,认为复古就是继承传统,使人们误解了传统园林艺术的真谛。这两种问题产生的根源是一致的,即缺乏对自然式植物造景艺术规律的深层次理解和把握。鉴于当前理论研究的局限与城市建设的迫切需求之间的不平衡,开展自然式植物造景理论研究迫在眉睫。

其实,大自然是一切艺术的源泉,古希腊的哲学家柏拉图和亚里士多德都认为:"对自然的模仿是艺术的本质"[4]。王羲之《兰亭序》中所言"仰观宇宙之大,俯察品类之盛,所以游目骋怀,足以极视听之娱,信可乐也"[5]揭示的是王羲之书法艺术达到完美境界的内在原因;水墨画技法受王维影响很深的唐代画家张璪提出的"外师造化,中得心源"[6]这句话,可以说是对中国传统艺术创作途径的根本概括。园林艺术更是兼具科学性与艺术性双重特征的事物,是艺术的表现形式之一,其创作的本源当然也应该是自然。

现代自然式植物造景是通过艺术再创造来表现自然植物生长的形态,力求表现崇尚自然、回归自然的情调,不仅能体现形态上的契合,满足人们回归自然的视觉、心理及生理需求,还具有较高的生态效应,对人居环境的良性影响远远大于草坪、灌木模纹等规整式植物形式。因此,开展对自然式植物造景的研究符合现实要求。

# 1.2 研究的目的、意义

## 1.2.1 研究目的

本书在借鉴水墨画图式语言研究成果的基础上,结合自然式植物造景相关理论及实践分析方法,完善自然式植物造景理论与实践,并通过对实践案例的评价来验证传统图式语言运用于自然式植物造景的可行性,总结出一系列具体而准确的自然式植物造景的类型与形式,为植物规划提供有价值的理论参考与指导意见。

根据研究的内容,期望达到以下目的:

(一)探求水墨画的图式语言和自然式植物造景艺术的美学共性;

(二)将水墨画的图式语言移植到自然式植物造景理论中,丰富风景园林规划设计的理论体系;

(三)借鉴水墨画的图式语言,从中观结构层面上解决植物景观布局与空间结构问题,为自然式植物造景实践工作提供行之有效的参考。

### 1.2.2 研究意义

中国园林先经历了古典园林时期的高峰,后来又受到了西方形式美原理的影响,现在又经历着生态学原理的指导,尽管国内不乏自然式植物造景的成功案例,但总体而言缺乏具有中国特色的现代园林植物造景形式理论体系。中国的自然式植物造景有其特殊的发展轨迹和内在规律,中国古典园林的自然式植物造景形式一直追求着诗情画意,这就决定了水墨画和自然式植物造景的内在联系。水墨画经过千百年的发展与沉淀,已经形成了独特的图式语言。在描绘大自然的过程中,艺术大师们在长期的创作中将其进行了简练的概括,在构图布局、用笔用墨、色彩及意境上形成了一些独具特色的抽象形式原则,而自然式造景讲究的也恰恰是重神似而非形似,在思想源泉和美学原则上与水墨画保持着高度的一致,因此将成熟、独特的水墨画图式语言引用到自然式植物造景中是具有科学性和可操作性的,可以在造景工作中达到事半功倍的效果。目前将植物造景与某一成熟的艺术形式进行对比研究的还很少,将其与国画或水墨画联系起来的话也往往是提出了研究构想,或仅仅是进行了笼统的阐述和运用,没有具体展开研究。因此,研究水墨画的图式语言,从中总结出有意义的植物造景形式原则及语言,这在目前的理论研究领域还是一项空白。

## 1.3 国内外研究发展动态

### 1.3.1 国外相关研究动态

本书研究的是如何从发展完善的水墨画图式语言中总结出可以运用

于自然式植物造景的设计方法与理论。鉴于水墨画是中国的国粹文化，相关研究也大多在中国展开，因此国外相关研究动态阐述的重点和主要内容是关于西方自然式植物造景活动的起源与发展，以及在这些过程中出现的代表性人物及其理论与实践工作。

#### 1.3.1.1 国外自然式植物造景发展概况

西方传统园林在过去很长的一段时间内以规则式为特征，因为西方的风景园林师习惯于以理想形态为标准来整理和改进自然，他们习惯于把内在世界与外部存在分离开来，由此产生了一种基于理性的自然审美观[7]。

其实，自然式植物造景在西方也曾经大行其道。西方传统园林中的自然式植物造景由来已久，最早可以追溯到古希腊的"神圣树林"。植物在那个时期被赋予了神秘和幻想的色彩，树林"萦绕着某种独特气氛和精灵——场所精神"[8]。古罗马和意大利文艺复兴时期的别墅园也充满着自然气息，《十日谈·第六天》描写了一个山谷，山谷周围有六座山顶上建有别墅的小山。文中写道："朝南的山坡上栽满了葡萄、橄榄、甜杏、樱桃、无花果和别的果树，硕果累累。朝北的山坡上全是圣栋树和别的乔木，郁郁葱葱，浓绿喜人……平地上全是松杉枞柏和月桂树，错落有致，相映成趣……芳草如茵，繁花似锦。"[9]由于自然价值观对设计师的影响，之后的西方园林一直崇尚富有装饰性的规则植物景观，与崇尚"天人合一"思想的东方造园相比，具有强烈的征服自然的色彩。经过了这一段漫长的规则式园林及植物造景的时代以后，近现代人类生存环境的迅速恶化改变了人与自然的关系。人类认识到必须尊重所有的生命形态，人类从自然界的主宰转为自然界的一员。西方园林的设计思想相应地从规则园林时期的"人定胜天"变为"以人为本"，再发展到"遵循自然"[7][10]。随着环境的日益恶化，基于合理自然认知的生态设计思想开始形成并迅速发展。由于种种原因，近现代园林设计的自然生态思想发展最早和最快的是欧美发达国家和地区，并由此引发和推动世界其他地区生态设计的演变和发展[11][12]。中西方对自然的认知基于不同的角度，西方对自然的认知多从科学的角度出发，而中国则多为哲学上的理解。经过工业革命之后，西方的人居环境遭到了很大的破坏，引起了人们对自然环境的留恋和向往。在这种大环境下，风景园林艺术被提高到了改善人居生态环境的高度。麦克哈格（Ian Lennox McHarg）的《设计结合自然》（*Design with Nature*）标志着在新的环境条件下，园林设计师承担着后工业时代人类整体生态环境规划设计的重任,使园林的内涵与外延大大扩展,基于自然价值观的生态规划成为 20 世纪规划史和园林史上最重要的一次革命[13]。

在园林尤其是园林植物规划设计的发展历程中,应该说自然价值观对设计师的影响是巨大的。许多著名的景观设计师在他们的成长过程中,都有一个对自然亲身感受的经历,这种对自然的感性认识对他们后来的创作有很大的影响[7]。现代景观设计师都应该具备自然科学的基础与素质、人文科学的方法与情感、工程技术的措施与手段。

#### 1.3.1.2　西方各国的自然式植物造景实践历程

（一）英国

以自然为第一摹本的近现代西方自然式植物造景成绩斐然,其中最著名的是英国自然风景园。文艺复兴早期的英国园林仍然是模仿意大利作风,但受英国独特的气候环境、自然景观及风景画的影响,再加上 18 世纪中叶以后中国造园艺术的传入,渐渐趋向自然作风。植物造景时避免对称、修剪等规整式手法,极力推崇以曲线为特征,营造由树丛、树林和草坪构成的风景画一般的植物景观,同时还把田园诗情调融入其中。诗人麦森(Willam Mason)对此总结道:"诗人的感觉画家的眼,你在这儿隐居逍遥悠闲。"[12]

推崇感性经验的、以培根(Francis Bacon)和洛克(John Locke)为代表的"经验论"是英国自然风景园林的造园指导思想,范布勒(John Vanbrugh,1664—1726)和查尔斯·布里奇曼(Charles Bridgeman,1660—1738)则是开启自然式园林景观新时代的人,他们主要是在总体规则布局下做一些自由和曲线的变化。如范布勒设计的霍华德庄园(Castle Howard)和布伦海姆风景园(Blenheim Palace)开始有意摆脱几何格式。威廉·肯特(William Kent,1685—1748)是自然风景园林的创始人,他真正摆脱了规则式园林,他认为造园原则和绘画原理基本相同,十分讲究画面构图,坚持以画家的眼光去"控制或加工"自然,认为造园师是以山石、植物、水体在大地上作画,所有的设计都应以自由的线形展开并提出"自然厌恶直线"的观点。霍勒斯·沃波尔(Horace Walpole)认为肯特是一个"使绘画成为现实并改善自然的艺术创始人和发明人"。肯特对美学有深刻的理解,是一个卓越的建筑师、画家和室内设计师,在他参加的斯陀园(Stowe)、卢夏宅园(Roseham)、海德公园(Hyde Park)纪念塔、邱园(Kew Garden)等的设计中将直线隐垣改成了曲线形式,将暗沟旁的行列式种植改造成自然群落式[14]。

随着英国人对待自然及自然美的态度上的转变,园林的价值取决于它们与自然接近的程度。最具代表的自然式风景园林大师布朗(Lancelot Brown,1715—1783)所设计的园林摒弃了花卉和建筑,去除一切规则式痕迹,以大片草坪、自由流畅的湖岸线、平静的水面、树丛形成自然植物景观,全园呈现一派牧歌式的自然景色。这种新型园林使公众耳目一新,园林设计师们争相效仿,遂形成了"自然风景学派"。布朗将英格兰中部和南部变成一个无边无际的花园,从某种程度上改动了英国国土的面貌,被称为"万能的布朗"(Capability Brown)。

英国风景园与绘画的关系密切的情况与中国类似。风景画对于理想图景的描绘体现出人对自然的态度,影响了园林设计理念,同时风景画对园林表现及设计方法也产生了重要的影响。1794 年,普赖斯(Uvedale Price,1747—1829)在《论绘画》(Essays on the Picturesque)中指出绘画和造园在构成、配置、色彩协调、形态统一、明暗效果等方面,基本原则是完全一致的。吉尔平(William Gilpin)认为造园必须使得园林具有适于作为绘画对象的视觉品质[12]。雷普顿(Humphry Repton,1752—1818)则继承了布朗的浪漫主义思想,在设计中借鉴洛兰(Claude Lorrain)风景画,并将英国 18 世纪后半叶风景式造园推向高潮。

英国在现代植物造景理论方面也卓有成效。如英国现代风景园林师克劳斯顿(Brain Clouston)提出风景园林植物造景应遵从自然界中植物景观形成的规律,加强了园林艺术的科学性,并创新地把自然植物群落的分类方法引入植物造景,如:草原植物景观、沙漠植物景观、水生植物景观等,他在《风景园林植物配置》(Landscape design with plants)中指出了园林植物造景应体现四个方面的因素:保存性、观赏性、多样性和经济性。保存性是园林植物造景最重要的层面,强调对自然生态系统的保护与完善,保持自然界的生态稳定与平衡是风景园林最重要的任务。观赏性是园林植物造景有别于其他绿化的显著性特征,构建优美的植物景观供人们观赏是植物景观设计的基本任务。多样性是实现植物群落结构稳定、景观形式多样的前提,也是自然法则中的重要规律。经济性则体现在对于人工绿化的后期维护与管理上[15]。

(二)法国

18 世纪末,由于受到东方园林和文学绘画的影响,新大陆的发现又扩展了人们的植物知识,欧洲开始了为期一百多年的自然式造园阶段,这样的浪潮也影响到法国的造园思想及实践。法国贵族吉拉丹(Rene de Girardin,1735—1808)就认为凡不能入画的园林都不值一顾。他在厄米维农(Ermenowville)所建的别墅就是请画家起稿,充满自然和浪漫气息。现代设计师吉尔·克莱芒(Gilles Clement)认为"在自然中应留出一块净土,人们不应克制它的自然演变,这是理想园林的代表"。他的作品中表现了对植物语言的深刻了解和娴熟的植物群落配置技巧,以及他对自然生态环境的热情和保护。他的植物设计手法及理念完整地体现在 20 世纪 90 年代初建成的巴黎安德烈·雪铁龙公园(Parc André-Citroën)之中。其中一个主题公园就叫"动态公园",它由野生草本植物精心配置而成,他并非刻意地养护管理那些野生植物,而是接受它们并给它们定向,使其优势得以发挥,从而营造出优美独特的园林景观[16]。

(三) 美国

美国早期的造园活动主要表现为一些庭院绿化,直到唐宁(Andrew Jackson Downing)的出现。唐宁出身于苗木商家庭,对自然式植物造景有着强烈的感悟和喜爱,他提倡每一棵树都应该表现自身的美,因此他设计的庭园总是呈现出宛如树木园似的景观[17]。他的思想影响着后来的风景园林事业和设计师。奥姆斯特德(Frederick Law Olmsted,1822—1903)继承了道宁的思想,他非常推崇自然式植物造景。他与英国建筑师沃克斯(Calvert Vaux)合作规划的纽约中央公园(Central Park)在形式上采用了自然式的手法,营造了一个让人回归自然的场所,鉴于其规模和对整个城市环境的作用,已将其纳入城市生态的范围。奥姆斯特德完整的知识结构、丰富的阅历及对景观的感性认识,极有助于他从事景观设计,他提炼升华了英国早期自然主义景观理论家的分析以及他们对风景"田园式"品质的强调,创造了很多种设计典范,被誉为美国的"景观设计之父"[12]。

美国的南希·A. 莱斯辛斯基(Nancy A. Leszczynski)在《植物景观设计》(Planting the Landscape)中说:"种植设计是一道程序、一种艺术、一门科学。"[18]植物是自然界给予人类的迷人的礼物,它们有无穷无尽的艺术组合,作为一个种植设计者,当你想要读懂各种形式的景观,你必须具有想象力、耐心和技巧,从而才能创造有意义的并且持久的环境景观。强调植物景观设计构思来自对现场环境的了解,对当地植物知识的积累和对各种自然植物景观认识体验的积累[19][20][21]。

众多设计师进行了自然式植物造景的实践。20 世纪 70 年代,由美国风景园林师埃德温·拜伊(Edwin Bye)设计的雷特兹(Leitzsch)住宅花园,在建筑及环境景观设计中将阳台和露台延伸到自然环境中,在自然丛林中开辟视觉透景线,将庭院花园的景观与周边的自然景观结合起来,建筑设计与植物环境融合为一体。埃德温·拜伊这位设计师反对引进外来物种,认为外来物种会损坏当地的自然生态系统,会使当地的植物景观的特色丧失。和他的设计理念相同的还有美国风景园林师格林(Isabelle Greene),1985年格林在加州设计了瓦伦丁(Valentine)花园,以加州的乡土植物来表现具有地方特征的植物景观[14]。

在1989年,美国风景园林师奥伊默(Wolfgang Oehme)和斯韦登(JamesVan Sweden)设计了迈阿密的迈耶(Meyer)花园。他们是美国"新花园运动(New American Garden)"的倡导者,偏爱自然式植物造景方式,主张采用最自然的、没有人工痕迹的方式进行植物景观设计,形成轻松、自然的环境景观品质。斯韦登用"绿色的混凝土(green concrete)"的词汇来描述草坪,提倡采用乡土植物,特别是乡土的多年生草本来表达植物景观的地方风格,反对在园林中采用观赏性草坪。[14]

(四)意大利

在15世纪的意大利园林行业内曾有一个明确的设计思想,即摹仿并赞美自然,认为花园是躲避城市喧嚣和浮躁的快乐之地。尤其在威尼托(Veneto)地区,希望在别墅和宫殿的周围创造一个纯自然的环境,认为自然必须远离艺术。但反对的声音也越来越大,意大利文艺复兴时期的建筑家艾伯蒂(Alberti)首先提议要把人工技艺引入自然。用邦法蒂奥(Bonfadio)的话来说:"把自然与艺术结合起来,自然便成了精美的作品。……而一种'第三自然(the third nature)'从此诞生了。"于是造园风格转至以人工技艺占据主导的连树都要修剪的"绿色雕塑"和"绿色建筑",成为建筑化的自然,花园成了建筑与自然的过渡[16]。

(五)日本

日本文化是日本民族与传入日本的中国文化的融合,是一种以非常独特的形式发展起来的文化。对中国传统园林的学习和模仿是日本园林的外在因素,对海岛、丘陵景观以及对石的崇拜,是日本园林产生的内在基因。日式式庭园吸收中国传统园林风格后自成一个系统,对自然高度概括和精练,形成具有自身文化特色的、写意的"枯山水"和茶室庭院园林。日本民族是善于在模仿中进行创新的民族,模仿中国园林的同时加入自己传统文化特征,在中期又受到日本本土禅宗思想的影响,进而发展为富有本土特色的园林形式,并对西方国家产生了巨大的影响。

同中国一样,日本人也崇尚"以小见大",即以有限的园林空间来体现自然山水,体现自己对宇宙的认识。在日本,住宅和园林往往不可分割,人们试图生活在抽象的画境中,静心欣赏,感悟人生。中国人总是习惯向外借景以拓展视线,日本人则多用框景以凝视内心,在小空间里欣赏小尺度缩微景观,进而强调自己对于自然的理解。中国园林的象征主义手法在日本的禅宗园林这里达到了极高的境界,园林设计艺术甚至成了个人修养和情感表达的手段,植物造景中的自然特性也更加抽象概括、精巧细致,在再现自然风景方面十分凝练,极富诗意和哲学意味并形成极端写意的艺术风格。

### 1.3.2 中国相关研究动态

自然式植物造景在中国历史相当悠久,它在自然山水园中普遍运用。探寻中国自然山水园的源头,可以追溯到独立于魏晋南北朝时期的山水画。自然山水园和中国传统绘画遵循着一致的美学原则,有着共同的美学意念和共同的艺术思想基础,尤其是山水画和园林的关系更为密切,历代画家还有直接参与建园的。园林的创作意图和布局与绘画的意境、布局等被看作是大体相同的,典型的园林意境也必然会和同时期的绘画思想、艺术风格基本一致[22][23],此外,以画论代替植物造景的理论研究也有一定的传统。

#### 1.3.2.1 中国相关研究的哲学基础——自然美学观

中国传统的自然美学观是中国传统文化与自然的紧密结合。人们经历了从畏惧、对立到崇拜、亲和,最后与自然和谐统一的过程,对自然有了自己的深刻理解和认知,这也是中国自然美学观形成、发展和成熟的过程。《易经》说"法天象地",孔子有"山水比德",老子认为"道法自然",理学则强调"天人合一",这些论述都明确地体现了古代哲人对自然的认知。园林艺术理论是中国传统文化体系中的有机组成部分,其设计理念和古代哲学思想息息相关。计成在《园冶》中总结的"虽由人作,宛自天开"被公认为是中国园林艺术的总纲领,是传统自然美学思想在园林创作方面的反映,也是园林创作者追求的最高境界和评价园林艺术的标准。

老子言:"人法地,地法天,天法道,道法自然。"[24]"道法自然"表达了老子对自然的敬意并将他的自然观与宗教观区别开来,为道与自然之间建立了沟通的桥梁。道法自然的思想包含着深刻的哲学内涵,中国水墨画从描摹现实到追求意境的发展过程也说明了这一点。老子这种观点对后世的景观美学影响极其深远,魏晋时期盛行的玄学使人自身和山水松竹等自然景物都成为美的对象,因而才有了山水画及其他自然景物画种。

中国自然美学观是中国绘画与园林共同的精神原型,二者的密切关系体现在诸多方面。

第一,以画意入园景,以画论代替园论是中国古典园林的重要特点,大量画家参与到园林的创造和营建中;

第二,绘画和园林的创作目的都有"不下堂筵,坐穷泉壑"[25]和基于"山水质而有趣灵"的"万趣融其神思"[26]的畅神作用;

第三,绘画和园林在创作思想上,如以情观景、形神关系等方面相互影响;

第四,二者在创作手法上也可互通,如空间及视线的组织、构图与景观元素的布置以及对意境的追求等等。

植物造景是天巧和人工的合一,一方面它以植物这种有生命的自然物为对象,因此必须考虑生态特点、植物特征、季节变化等自然因素;另一方面,植物造景的重要目的之一是为人营造一种理想的人居环境,它也必然要反映人的要求、人的情感和人的理想。水墨画观察自然和表现自然的方法深深影响了传统植物造景。水墨重在主客观的结合,物象描绘介于"似与不似之间",总体上并不追求客观真实,而是根据抒发情感的需要对自然物进行取舍。

现代学者们对绘画美学和园林美学都做了大量的研究工作,从中可以清晰地看到中国绘画和自然式植物造景的哲学关系。宗白华认为中国画并不是非常重视具体物象的刻画,相对而言更倾心于以抽象的笔墨来表达人格心情与意境。从绘画形式上说,中国画画面并不追求透视的精确、物体形象的精准或光与色的真实,甚至独创了具有"时间"概念的散点透视法,无论空间的大小、远近、上下和时间的过去、现在、未来皆能收入画中;注重画面的清雅脱俗和个性、意境,风格上追求"气韵生动"。水墨画的这些美学观点通过画家的造园活动,影响了传统园林的风格,自然也影响到园林植物造景[27]。金学智从美学的角度分析了人对植物景观自然美的心理及生理需求,他认为传统造园是从形式上师法自然,从意境上构成与自然相协调的景观,而现代造园对植物的生态功能及性质的认识则更加自觉、深刻和全面[28]。朱钧珍教授在她的书里强调中国园林的基本体系基础就是大自然,不管是园林还是植物造景,都应以师法自然为原则,并且在实践中始终坚持这一点[29][30]。苏雪痕教授提出植物造景应注重自然美并强调植物的群落组成,人工植物景观中的物种关系可以从自然中获得,植物造景活动应基于对自然群落内部各种植物种间关系的分析[31]。

### 1.3.2.2 中国古代相关研究发展概况

在中国古代,文学和绘画往往是其他艺术形式的风向标,反映着艺术思潮和审美时尚的变化。文学和绘画美学以直接的方式影响着植物造景,并使其呈现出"诗情画意"的外貌。朱钧珍教授在她的书中提到文学艺术和园林的关系时认为,中国传统园林艺术经过漫长的发展,到唐宋时形成了文人园林,由于文人、画家的参与,文学艺术的气息与思想直接或间接地渗透到园林中,在当时甚至成为园林的一种主导思想,园林继而成为文人们的一种诗画实体[29]。因为当时的园林往往由精通画理者设计或营造,因此"入画"往往成为植物造景形式美的标准,绘画美学思想大大影响了传统植物造景。计成说"合乔木参差山腰,蟠根嵌石,宛若画意"[35],认为植物造景应与山石结合体现画意,文震亨认为"草花不可繁杂,随处植之。取其四时不断,皆入图画"[36],也说出了画意对于植物配置的重要性。而李渔首创的"尺幅窗""无心画",更把植物造景和绘画艺术巧妙结合起来。

另外,由于画家对树木花草的喜爱,历代画论有很多阐述树木画法的,从微观的角度以更加直接的途径影响了植物造景。如王维论述到植物造景时称,"平地楼台,偏宜高柳映人家;名山寺观,雅称奇杉衬楼阁",点明了植物与建筑的关系,"山藉树而为衣,树藉山而为骨。树不可繁,要见山之秀丽,山不可乱,须显树之精神"[37]则说明了植物与山石的配置要点。宋代李成则对植物的疏密关系提出了自己的看法:"山无独木,石不孤单。林烟一派便休,古木数株而已。乔木疏于平野,矮窠密布山头……野桥寂寞,遥通竹坞人家;古寺萧条,掩映松林佛塔。"[38]这些论述均详细叙述了植物和环境配合的美学关系。而"小树大树,一偃一仰,向背浓淡,各不可相犯。繁处间疏处,须要得中"[39],说的是植物体量、方向、数量的配置关系;"古人写树,或三株、五株、九株、十株,令其反正阴阳,各自面目,参差高下,生动有致"[40]则描述了植物之间相互搭配的形式美规律;"众沙交会,借丛树以为深;细路斜穿,缀荒林而自远"[41]说的是植物在空间布局中的功能;宋代画家郭熙阐述了山水和植物在山水画中的关系为

"山以水为血脉,以草木为毛发……故山得水而活,得草木而华"[25],确定了植物、水体在环境中的地位及重要性,竟然有着准确的生态学意义,时至今日已被人们广泛运用并得以发展;"丈山尺树,寸马分人;远人无目,远树无枝"[42]对绘画中植物造景的透视提出了看法。

此外,山水画中的物象的宾主关系、疏密关系、空间的开合收放处理对传统园林植物造景的复层群落结构、林缘线及林冠线处理、空间布局层次以及植物之间的动势变化产生了重要的影响,对植物配置宏观上起着直接指导的作用,体现了山水画和中国古典园林"源于自然、高于自然"的共同特点。微观层面上,虽然古典园林的植物造景的形式、结构没有形成系统的理论,但由于植物造景深受画论影响,植物造景形式还是会体现在经验性的实例中,如中国古典园林中的丛植配置方法往往取自水墨画中两株、三株、五株三组典型性的绘画技法,以形成高低、曲直、深浅、虚实之间的变化对比和协调,所以说,画论对中国古典园林植物配置的微观设计也产生了深刻的影响。

中国古代诗词、笔记等古籍资料中也有一些是专门研究植物造景的,如《园冶》是我国第一部造园专著,尽管没有植物专篇,但有"插柳沿堤,栽梅绕屋,结茅竹里"[35]以及讨论了"因境适树"规律的论述,有很重要的研究价值。《花镜·课花十八法》对植物造景有精辟的论述,其中的"种植位置法"更对种植设计中的空间尺度、疏密、植物与环境关系等详加论述[43]。《长物志》里也有专门写"花木"的部分,分别论述花木品种、种植设计要点等,前言中也有关于种植设计的论述[36]。另外明清文人笔记有很多内容是关于园林植物造景的,如明陈继儒的《小窗幽记》、屠隆的《考槃余事·盆玩》、袁宏道的《袁中郎全集·瓶史》,清李渔《闲情偶记·种植部》、张潮《幽梦影》等,都是研究传统园林植物造景的重要文献。此外,历代文人描述地方园林的文集中常含植物景观内容,比较著名的如北宋李格非《洛阳名园记》,宋末元初周密《吴兴园林记》,明王世贞《游金陵诸园记》,清李斗《扬州画舫录》等,这些都是宝贵的研究资料,体现了古代对植物造景的研究高度[44]。

### 1.3.2.3 中国现代相关研究发展概况

现代城市化程度日益加深,随着生态意识的增强和园林建设的快速发展,人们普遍产生了对自然环境的追求,生态意义重大的自然植物景观更加受到人们的重视。在这样的时代背景下,新中国一大批园林工作者都致力于研究自然式植物造景,出现了一些经典研究著作和经典造景案例。苏雪痕教授从宏观上提出植物造景同样应该遵循着绘画艺术和造园艺术的基本原则,即(1)统一的原则(变化与统一或多样与统一);(2)调和的原则(协调和对比的原则);(3)均衡的原则;(4)韵律与节奏的原则。[31]周武忠教授将园林艺术作品的形式美规律概括为五个方面,即(1)多样与统一;(2)对称与平衡;(3)对比照应;(4)比例和尺度;(5)节奏和韵律[23]。

余树勋先生提出园林造景应该借鉴山水画的构图和意境。他认为园林景物总体安排上可以借鉴中国山水画的构图形式,山水画的"平远"构图对园林设计的参考意义比较大;此外"取与舍""宾主定位"等山水画构图手法也可以在设计中运用,并在布置景物上参考疏密变化、虚实变化等原则。余先生的这些论述不仅可以运用于园林规划,也非常适用于自然式植物造景的规划设计[45]。

也有的专家从西方形式美的角度来阐述自然式植物造景艺术。西方形式美原理对中国园林的影响应是从近代开始的,并且是从建筑领域渗透到园林领域的,现代一些学者把形式美原理引入到园林植物造景中来。彭一刚先生就曾经提出要用分析的方法对中国传统造园的手法进行研究,而这种分析就是基于形式美原理的角度。他在论述植物造景中强调"主从与重点""起伏与层次""引导与暗示""虚与实""藏与露""高低错落"等关系,并指出"点植、列植、丛植"就是"点、线、面"的关系[46]。从整体来看,形式美原理确实对现代园林造景起了并正起着很大的作用,自然包括植物造景。中国从自然中探寻造景方法,西方人从形式美原理中寻求造景方法,这两种源于不同文化的造景方法为后人造景创作提供了众多宝贵意见。随着人们对环境质量要求的日益提高,基于生态角度的植物造景原理势必会产生更大的影响。

在自然式植物造景观念的指导下,近年来中国出现了很多优秀的植物景观作品,其中最经典的当数杭州。杭州园林除了湖光山色的自然因子外,最大的特点是以植物景观取胜,而园林建筑、大型假山等其他的人为园林要素的比例要比其他城市小得多。植物景观之所以引人入胜,首先主要是在建设中顺应了自然规律,自始至终以当地自然群落的规律来指导绿化;其次突出了量,乔木、灌木、草本地被各层植物均成片栽植,气势很大,符合了大园林中没有量就没有美的规律;再次,充分运用丰富多彩的乡土植物资源,组成各种专类园,并以植物结合地形起伏来分隔空间,使园林景色更趋自然,在植物空间中配置出多种植物景观,如孤立树、树丛、树群、树坛,各种类型的草地及五光十色的宿根、球根花卉等;最后值得称道的是在植物造景中艺术性运用非常高超,景点立意、命题恰当、意境深远,季相色彩丰富,植物景观饱满,轮廓线变化有致[29][30]。

在具体的植物造景方式、方法上出现了众多的理论著作。如孙筱祥先生在《园林艺术与园林设计》中比较系统地论述了植物造景包括中国传统园林植物造景的内容[47];朱钧珍的《中国园林植物景观艺术》在"杭州园林植物配置"研究课题的基础上深入研究,比较系统地论述了中国传统园林种植设计艺术的形成、特点、理法及其在现代园林中的继承与发展[29];汪菊渊先生的《中国古代园林史纲要》从"植物题材""植物的艺术认识"和"园林植物的配置方法"三个方面对中国传统园林种植设计艺术进行了总结[33];陈从周的《园林谈丛》为园林评论散文,其中有多处论及传统园林植物造景,可归纳为传统园林植物审美特点、植物生态习性及配置形式、植物与环境的协调关系、植物景观地方特色等几个方面[48]。

此外,园林史、建筑史论类书籍全面地记载了历代园林植物造景的概况,如周维权先生的《中国古典园林史》、王铎的《中国古代苑园与文化》等。从植物栽培角度涉及传统园林种植设计的文献有陈俊愉先生的《中国花经》,苏雪痕先生的《植物造景》等。另外,张启翔主编的《中国名花》,徐德嘉、周武忠的《植物景观意匠》等也有相关内容[49]。

研究此类课题的硕士、博士论文也有很多,如浙江大学张兰的硕士学位论文《山水画与中国古典园林植物配置关系之探讨》、北京林业大学王欣的博士学位论文《传统园林种植设计理论研究》、北京林业大学马军山的博士学位论文《现代园林种植设计研究》、北京林业大学李雄的博士学位论文《园林植物景观的空间意象与结构解析研究》、北京林业大学金荷仙的硕士学位论文《论寺庙园林及其植物造景特色》、华中师范大学曹菊枝的硕士学位论文《中国古典园林植物景观配置的文化意蕴探讨》、北京林业大学刘秀丽的硕士学位论文《中国古代园林植物配置的分析与论述》等。以上文献在内容上各有特点,从不同角度对植物造景进行了研究论述。

# 1.4 研究范围

## 1.4.1 水墨画图式语言

图式语言是一种视觉表现方式,或者说是一种表现程式。图形是图式语言的基本呈现方式。水墨画的图式语言主要体现在笔墨肌理组织、画面布局结构以及画面主体表达主题意味所借助的一系列视觉形式及过程。借助图式语言,图像才得以表现一定的法度、气势、形式美感和视觉冲击力、感染力和文化意味。

### 1.4.2　自然式植物造景

自然式植物造景以自然植物群落为摹本,通过一定的艺术提炼和概括,在植物配置时考虑种植的构图布局、虚实疏密、高低层次及空间意境,使其符合一定的美学规律和原则,同时体现出较高的生态价值。

## 1.5　研究框架

本书的研究框架由绪论、相关理论、研究的理论及技术基础、研究主体内容、案例研究和结语六个部分组成,共分八章。

第一章为"绪论"部分,介绍了本研究的缘起与背景;阐明了研究的目的和现实意义;简述了国内外研究发展动态;界定了研究范围。在此基础上确定本书的框架。

第二章、第三章是对论文题目的相关概念进行分析,其中第二章阐述了水墨画图式语言的概念、总体特征与构建,第三章对自然式植物造景的概念、基本原则和构成要素、组合关系进行了论述,理清了两个大概念的相关基础理论。

第四章阐述了研究的理论基础,其从历史渊源、生态学、美学等角度分析了本研究的理论基础。

第五章是研究的主体部分,系统阐述了基于水墨画图式语言的自然式植物造景研究的六个方面的内容,即造景原则、平面布局形式研究、空间形态研究、立面结构研究、色彩语言研究及意境研究,完整地构建了自然式植物造景研究体系。

第六章、第七章是案例研究,在前文的研究基础上,分别以经典案例来验证研究、以实践案例来支撑研究。

结论部分是第八章,总结研究结论,展望论文研究的未来。论文研究框架如图 1-3 所示。

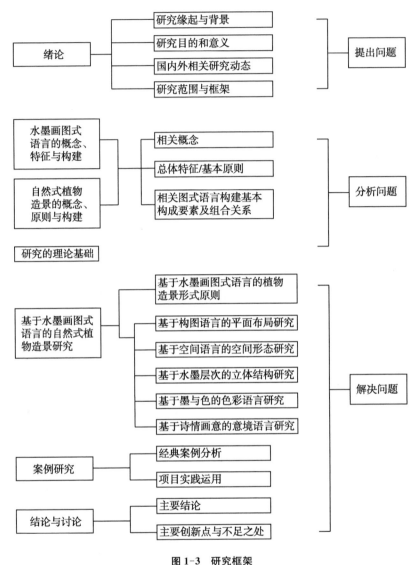

图 1-3　研究框架

Fig. 1-3　The frame of the research

# 2 水墨画图式语言的概念、特征与构建

## 2.1 水墨画图式语言的概念

### 2.1.1 水墨画的内涵及分类

关于"水墨画",《中国美术辞典》有如下解释:"中国画的一种,指纯用水墨所作之画,基本要素有三:单纯性、象征性、自然性。相传始于唐代,成于五代,盛于宋元,明清及近代以来续有发展,以笔法为主导,充分发挥墨法的功能。'墨分五彩',指色彩缤纷可以用多层次的水墨色度代替之。'墨即是色',指墨的浓淡变化就是色的层次变化。北宋沈括《图画歌》云:'江南董源传巨然,淡墨轻岚为一体。'就是说的水墨画。唐宋人画山水多湿笔,出现'水晕墨章'之效,元人始用干笔,墨色更多变化,有'如兼五彩'的艺术效果。唐代王维对画体提出'水墨为上',后人宗之。长期以来水墨画在中国绘画史上占有重要地位。"[50]

从这一段话中可以看出水墨画的基本特点:水和墨为基本材料,高度提炼自然界中的物象作为绘画题材,以水调墨,以墨色的丰富层次及干湿浓淡变化代替缤纷的色彩来塑物造型,讲究笔法和墨法,发端于唐代王维。其自然性、单纯性、象征性的基本要素从很大程度上也可以说是自然式植物形式的基本特色,尤其是"自然性",完全切合本文所论述的植物种植的"自然式",可以从很大程度上体现二者的关系。

水墨画根据其体裁可分为山水、人物、走兽、花鸟、风俗、宗教;以形式为类别可分为轴、扇面、手卷、册页、镜心;以技法为类别可分为具象画、写意画、工笔画、泼墨画。水墨画是中国传统绘画中最能体现中国文化特征的一种画体,通过纸(帛)、墨、水和笔的相互作用和融合,产生各种具有象征性的图式,以传达作者内心世界的种种信息,体现出独特的审美意趣。水墨画从孕育、发展到成熟的漫长过程中包含了哲学的滋养、画者的创造、社会观念的变迁等诸多因素的影响,其中中国传统文人的参与对水墨画有着决定性的意义,甚至可以说水墨画是文人的专擅,文人画就是水墨画[32]。

### 2.1.2  图式语言

图式是个西化的词,意指构图的视觉形式,与传统画论中的章法布局有相近之意。一般多以具体而独特的造型完成,也可以通过抽象的极具个性的视觉组织方式展现。不同的艺术形式在不同的时代有不同的图式语言,反映着不同时代人们的审美追求。因此,图式也是时代精神的体现。图式语言是一种视觉表现方式,或者说是一种表现程式。图形是图式语言的基本呈现方式。它有三层含义:第一层含义是指它是一系列构成图形的物质元素,比如点线面、黑白灰、红黄蓝、质感、肌理、结构等;第二层含义是指诸多元素围绕其母题组构而表现出来的视觉艺术图式,这是具有形式张力的整体视觉形式效果,它蕴含着对人类感知能力的激活作用,同时它又蕴含着对形式诸因素的整合技能和规则;第三层含义是意象喻指层,通过一定的视觉语言构筑的具象或抽象图式表达的特定意义喻指。

### 2.1.3  水墨画图式语言

水墨画的图式语言主要体现在笔墨肌理组织、画面布局结构以及表达主题所借助的一系列视觉形式及过程。借助图式语言,画面才得以表现一定的法度、气势、形式美感和视觉冲击力、感染力和文化意味。

水墨画图式语言主要包括水墨画的构图语言、笔墨语言、色彩语言、意境语言,通过这一系列图式语言,水墨画的主题才能得以全面呈现。

## 2.2  水墨画图式语言的总体特征

### 2.2.1  形神兼备

中国画向来以“形”“神”为其表现和发展的主要情结,以“畅神”“情致”“会心适意”为主导,水墨画当然也不例外。关于“畅神适意”和“气韵第一”的阐述几乎贯穿于中国画的整个图式语言发展过程之中,古代画论中关于图式语言的述说往往和“神韵说”交织在一起[51]。

顾恺之是“以形写神”论的始创者。他所说的“神”本指人的神态、神情、神采,因此他的神和形是不能分离的,这和南朝宋画家宗炳所说的“神”有一定的区别。宗炳精于玄理、志于山林,提倡“以形写形,以色貌色”“来比自然之势”,达到“应目会心”“神超理得”的目的[26]。他提出的

"映远法"是基于"畅神"的需要,因为畅神需要"坐究四荒",通过远距离地观摩大空间,山水才能"趋灵",欣赏者才能"应目会心"而神有所畅。由此可见,宗炳的"神"和顾恺之的"神"之间已有了质的变化,有了一定的主观色彩,他的《画山水序》对后世影响深远。

五代至宋为山水画发展大盛时期,图式语言渐渐丰富充实,唐代王维在《山水论》中强调"意在笔先";荆浩在《笔法论》中强调气韵、经营位置和笔墨等图式语言;李成的《山水诀》中则已经提出了剪裁、穿插、明暗、轻重、聚散、隐显、起伏等构图法则,最后以"回还自然,游戏三昧"作为全文结尾,可以说是"畅神"的本质体现。几乎古代所有画论中对图式语言的探讨都是围绕这一目的展开的。

郭熙认为山水画的本意就是表现山水自身自然的情态神韵,说"贵夫画山水之本意也";苏轼也引用顾恺之的话:"传形写影,都在阿堵中。"明人董其昌强调"传神必以形",认为宋画的基本特征是以形写神、形神兼备,宋以后这些思想仍旧为画家们所看重[52]。

从水墨画的发展历程来看,"情势论"写神,"意境"和"心境论"畅神。无论是最初的描绘情势,还是后来的营造意境,或是最终的表现心境,都和"神"相关。所以图式语言的演进本质上就是对"神"的理解的演进。

### 2.2.2　笔墨精神

"笔"与"墨"是水墨画的最基本、最重要的工具和载体,同时也是水墨画中体现时代面貌、民族精神、个性特征的代名词,体现着水墨画的"精气神"。

谢赫说"骨法用笔";荆浩说"墨者,高低晕淡,品物浅深,文采自然,似因非笔"。在水墨画家眼里,笔墨不仅仅是视觉形式上的,更是精神上的,笔墨表现和笔墨精神是水墨画的生命线。水墨画中的笔墨是带有书法意味的"运笔",运笔有起承转合、轻重缓急,也有高低起伏,其中力与势的变化和转换从细节层面表达了"笔墨精神"。

### 2.2.3　意境追求

中国传统水墨画中讲究诗情画意,重神似和意韵,把意境之美视为最高目标及准则。水墨画与西方绘画的本质区别在于水墨注重写意,以意象为本源,将客观物象提炼升华为主观的意象,而西方绘画以客观实在为本源。水墨画家的情感与客观物象处于交融的状态,潜藏着意象心理的源泉。绘画时情与景汇、意与象通、借景抒情,画面意味深长,留给观众更多想象的余地。

中国传统文化里的诗与词是水墨画创造意境的源泉。诗词中"夕阳无限好,只是近黄昏"的描写,黄昏下温和的斜阳映照出一种凄婉、忧伤的情景,将对短暂美景的留恋与珍惜表现得淋漓尽致。这种以色彩烘托的视觉图像已形成了画面的意境。"大漠孤烟直,长河落日圆"勾画了几何形与线所构成的抽象画境,体现了水墨画对自然美的升华。诗人的视觉感受留在了心底笔尖,意境美展现无遗。

### 2.2.4　人格内涵

水墨画的产生与发展一直都与中国传统文人及文化密不可分,特定的创作人群和历史背景促成了水墨画独特的人格内涵。历代文人们吟诗作画、谈古论今,集文学家、书画家、音乐家等众多身份于一体,他们的画作中必然体现出深厚的文化底蕴和人格价值取向。在他们的手里,诗、书、印使绘画的文化作用更加扩大,水墨画逐渐发展成为追求意境、体现人格的载体,最终水墨画发展到与"人格""德行"相一致的高度,体现出一定的世界观和价值取向。元代画家郑思肖画无根之兰是因为:"土为蕃人所夺,汝尚不知耶?"王冕题墨梅:"不要人夸颜色好,只留清气满乾坤。"这种文化性已经深深地融进了传统水墨画的艺术语汇中,成为不可分割的一部分。在中国文化中,艺术与人格融为一体,在本质上不可分割,作者的艺术境界体现其人生境界,画品、诗品出自人格,人生已经成为艺术,艺术也成为人生[53]。

## 2.3　水墨画图式语言的构建

水墨画的图式语言由多个部分有机组成,如水墨画的构图语言、笔墨语言、色彩语言、意境语言等等。这些语言既相对独立又紧密联系,在水墨画的创作过程中相辅相成,贯穿始终。

### 2.3.1　水墨画的构图语言

#### 2.3.1.1　构图的缘起与发展

"构图"是水墨画的图式语言要素之一,画家为了表现作品的主题在一定的画面空间中安排和处理人或物的关系、位置,将多个个体的形象组成艺术的整体。水墨画的构图决定着画面的布局形态。

其实"构图"是现代人的说法,南朝谢赫在"六法"中称之为"经营位置",即对画面各部分位置的谋划安排。有人称之为"章法",这个概念是从文法中引用过来的,这似乎与古代画家的文人身份有关,在他们眼里画画和做文章是一样的。也有人称之为"布局",顾恺之更称为"置陈布势",将画画看作是弈棋用兵,将构图作为绘画中综观全局而又有所筹划布置的重要部分,带有一种战略的意识。还有人用了"结体"这个概念,以书法中的结构体势来指代一幅画的结构体势,这应该是书画同源的思想,和古代文人书画同重有关。"构图"则是西学东渐后的专业术语,时至今日已经更为普及和通俗易懂。

中国传统绘画的构图艺术,经历了一个相当长的发展过程。远古时期的绘画,形象简练,技巧单纯,纹饰有一定的组合规律,个体的物象虽然十分生动,但构图尚处于无序状态。

战国时期的帛画,画面的装饰趣味十分突出,已有了故事情节,但构图平实(图2-1)。到了汉代,壁画、画像石中运用对比构成方法,构图饱满奇巧,无论场面、情节、气氛都刻画得十分生动,不仅充分显示了画家高超的艺术技巧与非凡才华,而且使其成为中国绘画构图史上的一种特有图式,至今仍有可供借鉴的意义(图2-2)。

**图 2-1 战国时期帛画**
**Fig. 2-1 Silk painting of the Warring States Period**
图片来源:《中国美术图典》

**图 2-2 汉代画像石**
**Fig. 2-2 The stone relief of Han Dynasty**
图片来源:百度网

随着绘画材料和技巧的不断丰富,六朝画家已经清醒地认识到绘画空间安排的重要性。顾恺之首先把构图列为绘画的重要组成部分,提出了"置陈布势"的构图概念。谢赫则将"经营位置"奉为"六法"之一,使构图成为中国绘画一条重要的美学法则。潘天寿先生认为水墨画的画面"布置"(即构图)二字,是将顾恺之的"置陈布势"中的"布"与谢赫"六法"中的"经营位置"中的"置"结合而成。六朝画家对构图的重视,同时也涉及绘画科学的其他方面。"且夫昆仑山之大,瞳子之小,迫目以寸,则其形莫睹,迥以数里,则可围于寸眸。诚由去之稍阔,则其见弥小。今张绢素以远暎,则昆、阆之形,可围于方寸之内。竖划三寸,当千仞之高;横墨数尺,体百里之迥"的阐述已明确地涉及了构图中的透视问题。王维《山水诀》中"远人无目,远树无枝;远山无石,隐隐如眉;远水无波,高与云齐。……凡画林木,远者疏平,近者高密"的论述使构图已有了一个基本框架,对构图中的高低远近、虚实疏密等空间处理有了一定的总结,也表明了唐代的水墨画家们在构图中对画面空间语言的掌握已经成熟[54]。

宋代的绘画构图语言有了突破性的进展。沈括提出"以大观小"说,郭熙与韩拙分别提出了各自的"三远"论,马远、夏圭作品的构图以奇巧取胜,常以"一角""半边"取景,体现了当时人们对水墨画构图语言的研究成果。

元明以降,写意花鸟画逐步走向成熟。明末董其昌等人对水墨画的图式语言进行了整理与分析,为清代画家的构图学研究奠定了基础。众多画家将自己的研究成果记录了下来,如石涛的《苦瓜和尚画语录》、王原祁的《雨窗漫笔》、沈宗骞的《芥舟学画编》、笪重光的《画筌》、郑绩的《梦幻居画学简明》、邹一桂的《小山画谱》、华琳的《南宗抉秘》、蒋和的《学画杂论》、孔衍栻的《石村画诀》等诸多论著,对水墨画不同题材的画种如山水、人物、花鸟画构图中的开合、呼应、宾主、虚实、疏密、起伏等都分别做了论述,使水墨画的构图语言得到了进一步的完善[54]。

在近现代绘画史上,对水墨画构图语言研究成就最高的是吕凤子先生,另一位对构图语言进行深入研究并在创作实践中取得巨大成就的是潘天寿先生。潘先生在他的教育生涯中,结合具体作品进行了大量的构图分析,对中国绘画理论史形成重大突破[53]。

水墨画是中国传统绘画的重要组成部分,相对于其他绘画形式来说,水墨画的构图语言更加简洁和纯粹,经过高度概括的构图形式艺术性更强。这也为自然式植物造景对其进行借鉴提供了可能性和可行性。

### 2.3.1.2 水墨画构图的特点

水墨画构图语言在漫长的发展过程中形成了一些自身的特点,这些特点在水墨画的构图过程中被画家们充分理解并运用,指导着整个构图过程中的各个环节,从画面总体到细节表现,无不体现着中国水墨画构图语言的精髓。总结起来主要有以下几个特点:一是置陈布势,气韵生动;二是散点透视,平面布置;三是对比变化,均匀合度;四是随意组合,自然而然。

(一)置陈布势　气韵生动

水墨画的创作过程是一个看似无意而实际上蕴含理性思维的过程。面对画面的第一个思考过程就是"置陈布势",也就是对画面的总体布局及用笔用墨进行"势"的把握,做到意在笔先。"势"可以理解为一幅画的气势、局势、大势,是画面总体运动趋势的具体指向[66]。换句话说,水墨画作品中一般都有一组隐含的动态线将物象组织在一个运动体系中,构成画面的内在旋律,以表达画面生命力并达到"气韵生动"的效果。"势"可以理解为画面的总体脉络,体现着物象运动的发展方向所表现出的某种力量,画面有了势才能有生命的活力。不管画面的具体构图、笔墨、色彩、意境如何,都离不开起、承、转、合等"势"的表达和变化。也就是说,置陈布势是总体构思,其具体内容包括水墨画图式构成的各个细节。"置陈"指通过对物象位置的经营安排而求画面之势,达到"布势"、取势的目的。顾恺之在画论中阐述了"势"如"壮士,有奔腾大势,恨不尽激扬之态"[55],"夹冈乘其间而上,使势蜿蟺如龙","画丹崖临涧上,当使赫巇隆崇,画险绝之势"[56]。

纵观历代画论,几乎所有画家在谈到构图时总会提到"气势""气韵"。"气"是一种能激活画面的原动力,是画面中所营造出来的与自然生长的物象世界相类似的生动气韵与运动感,画面空间中的"气"以内敛的方式存在,又以运动的方式生成、转换。"韵"指的是情韵,即千姿百态的生命节奏。"气韵"是"气"与"韵"的结合,是中国智慧独有的产物[57]。谢赫所提出的"气韵生动"的"生动"概念是由"气"的运动变化所引起的生命的运动及万物的发展。"生动"是"气"特有的本性,"气"与"生动"密不可分。因此,在谢赫看来,构成艺术美的"气韵"必须是生动的。"生动"概念的提出,既突出了艺术与生命的关系,同时也使得艺术脱离了士族贫乏无味的玄想,走向了人生现实[57]。

唐代的张彦远认为:"气韵雄壮,几不容于缣素。"[6]表面谈的是气韵,实际上是指画面的气势所形成的视觉张力。此外,"远则取其势,近则取其质"[58];"大幅气色过淡，则远观无势而弊于琐碎；小幅气色过重，则晦滞有余而清晰不足"[59]等这些前人的论述中，我们均可看到构图中"布势""气韵"的重要性。

水墨画作品中的势，以点、线、面、块等形态要素形成节奏韵律，构成一种视觉冲击力。水墨画历来以布势、造势、取势为重心。作者笔势运动的起、承、转、合以及方向，对观者视线和情感起到重要的引导和感染作用，章法的起承转合都是为了取势达情。潘天寿先生对此论述颇为精辟："一幅构图光有大起大结，而没有分起分结，就易于简单冷落，如果有大起大结，又有小的起结，那么构图就丰富了。"水墨画通过画面物象的走势而形成具有视觉冲击力的运动连贯性，进而达到总体的动势[60]。

中国画的用笔也是布势的另一重要因素。用笔的力度、速度、方向及行笔的路线与画面物象本身的形状、体势相结合而使画面的布势相辅相成，相得益彰。如明代徐渭的大写意水墨花鸟作品《墨葡萄》[61]，葡萄的主蔓自右上向左下舒展生长，用笔奔放，水墨淋漓，气势奔放（图2-3）。枝叶、藤蔓、叶子、果实的墨色变化有致，与抑扬顿挫的用笔相辅相成，呈现出强烈的节奏对比。

现代水墨大师齐白石老先生的《蛙声十里出山泉》构图可谓奇崛[62]，画面上端的山石由浓墨绘成，潺潺的山泉倾斜而下一直流向画外，尽管重墨在上，但构图并没有失重之感，这是因为水和蝌蚪向下运动，整体气势得以平衡，气韵生动（图2-4）。老先生对"气""势"的表达臻于完美，整幅画面相当生动。

（二）散点透视　平面布置

"散点透视"是中国画特定的透视术语，是相对于焦点透视而言的。焦点透视是在一个固定的视点上观察对象，所表现的是一个特定视阈内的局部物象（图2-5）。而散点透视则基于主观取舍、整合，是指在有两个或两个以上的视点状态下，人们对景物的综合透视观察及表现方法，散点透视是根据作者的再次组织，更趋全面地把物象反映在画面上（图2-6）。

面对广袤的山川胜境，善于以意象表现自然的中国画家，以其卓越的直觉能力，主观地用"散点透视""以大观小"等方法，再现了山川、景物不同角度、不同空间的美。散点透视体现了一定的时间概念，所以北宋的郭熙在《林泉高致》中说："山形步步移，山景面面观。"[25]水墨画以散点透视组织画面布局，形成其独特的构图语言，是观察方法和表现方法的特殊性所决定的，是受本民族的艺术风尚与欣赏习惯的影响的产物，它也是中国

图 2-3　〔明〕徐渭《墨葡萄》　　图 2-4　齐白石《蛙声十里出山泉》
Fig. 2-3　*Ink Grape*　　Fig. 2-4　*Frog Sound out of the Mountain Spring*

图片来源:《中国画构图大全》

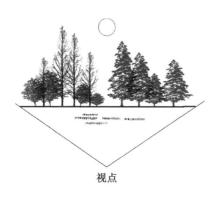
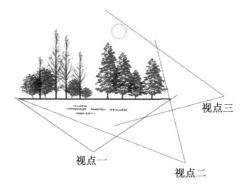

图 2-5　焦点透视　　图 2-6　散点透视
Fig. 2-5　**The focus perspective**　　Fig. 2-6　**The scatter perspective**

画构图发展中一个重要的美学现象。

基于散点透视,郭熙在《林泉高致》还提出"三远"的理论:"山有三远:自山下而仰山巅谓之高远,自山前而窥山后谓之深远,自近山而望远山谓之平远。"[25]也就是说,"三远"体现的就是观者移动视角所得的观察的综合,平视所得的意度表现为平远,俯视所得的意度表现为深远,仰视所得的意度表现为高远。这是在强调画者主观感受的基础上形成的。

如倪瓒的《容膝斋图》[63]中近山远山,平阔辽远,表达的是平远的意境(图2-7);王蒙的《夏山高隐图》[64]画面层次丰富,山势层层叠叠,重晦幽深,体现的是深远的观察角度(图2-8);范宽的《溪山行旅图》[65]画面中采用全景式构图,山川林地一览无遗,是高远构图的典范(图2-9)。

图 2-7 〔元〕倪瓒《容膝斋图》　　图 2-8 〔元〕王蒙《夏山高隐图》　　图 2-9 〔宋〕范宽《溪山行旅图》

Fig. 2-7 *Rongxi Villa*　　Fig. 2-8 *Recluse on the Summer Mountains*　　Fig. 2-9 *Valley Trip*

图片来源:《中国画构图法则》

和传统中国画中以"三远意度"来表现山川的壮阔不同,现代水墨画家创造性地用来表现人物形象,取得了具有震撼人心的艺术魅力。如现代画家黄胄先生20世纪50年代所创作的作品《洪荒风雪》就曾以略带仰视角度的高远结合平远构图,表现了地质工作者在青藏高原骑着骆驼与风雪抗衡的力量感,画面具有强烈的空间感,表达了对画面人物的敬意(图 2-10)[66]。

**图 2-10 黄胄《洪荒风雪》**
**Fig. 2-10 *Wildland Snowstorm***
图片来源:百度网

"散点透视""三远意度"这些虚实相生、来源于现实生活而又高于生活的构图理念及方式,突破了透视学的视力范围,使水墨画在构图取景上更加灵活多变,在布局上具有了更大的自由空间。"步步移""面面观"的视点也正好切合了园林景观的"移步换景"的创作特点。

此外,水墨画在构图方法中普遍追求的是一种相对平面的情趣,画面并不刻意追求纵深立体的效果。换句话说,水墨画多以平面布置,即压缩画面的三度空间,加强二维的视觉美感。这也是由于散点透视观察方法给画面组织带来了一定的自由度,再加上古代水墨画家采用特定的物体组织结构形式以及用线造型等表现方法,决定了中国画在构图中经常以平面布置的方式来安排画面[66]。平面布置的基本形式有如下几个特点:

(1)画面中没有明确的视平线,不强调背景空间;

(2)画中的物体呈装饰性排列组合,不强调科学客观的结构关系;

(3)采用散点透视,打破近大远小的透视规律;

(4)淡化体积关系、减弱虚实对比。

(三)对比变化 均衡合度

水墨画构图的形式和法则多种多样,但总的来说离不开一个最基本的规律,就是对比。不管什么构图,都跑不出这个规律。所以,对比的运用是水墨画构图的一个极其重要的法则。它的价值在于使矛盾的两方面,在对比中达到相辅相成,对立统一。这既是一种技巧手段,又兼形而上的精神韵味。常用的对比要素有:虚实、黑白、开合、动静、疏密、长短、松紧、大小、欹正、纵横、繁简、生熟、藏露、干湿、浓淡、质华、宾主、阴阳、聚散等[67]。

对比要素的作用就是利用各种矛盾达到相互衬托,对比使用得当,能产生一种力量和活力,达到突出主体的目的。对比的元素很多,水墨画面上所有构成因素几乎都和对比有关。清代沈宗骞在《芥舟学画编》中说:"将欲作结密郁塞,必先之以疏落点缀;将作平远舒徐,必先之以显拔陡绝;将欲之虚灭,必先之以充实;将欲幽邃,必先之以显爽。"[59]这充分说明了运用对比手法的重要性。在水墨画构图语言中经常能看到画家巧妙地利用各种对比手法。

水墨画的构图法则反映了中国古老的宇宙观和哲学思想,主张阴阳变化、相生相克、相辅相成,由主观意识出发,随意生发,同时不乏理性的体现。因此,尽管构图中对比要素的形式很多,但无论运用哪种形式,最后都必须要组成一个整体,不能支离破碎,所以必须变化中求统一,注重画面的整体感。水墨画构图中的对比和相生相克是为最终的均衡服务的,一幅画只有达到了均衡才显得稳定完整而和谐[68]。

园林中也常见到对比手法的运用。比如南京瞻园的西入口就采用了欲扬先抑的手法,整个入口部分内敛、幽暗,进入幽暗的门屋是一个小天井,迎面的院墙起着障景的作用。墙上有一个洞门,透过洞门依稀可见园内景色,可望而不可及。而穿过曲廊,几经转折,空间感受豁然开朗,开阔的视野和入口的封闭形成强烈的对比,令人的视觉受到强烈冲击,感受到景观层次的多重变化(图2-11)。扬州寄啸山庄的入口也用了相同的手法(图2-12)。

在植物造景中,对比的运用也是极其重要的。平面布局主次得当,构图才有中心;疏密有致,植物空间层次才会丰富;高低错落,植物群落的林冠线才有变化。只有灵活巧妙地使用各种对比手法,植物造景才能成功。在诸多的对比因素中,主次对比、疏密对比、开合呼应对于自然式植物种植平面来说是最有影响力的。对比的变化在植物造景中影响虽大,但终须统一在一个整体之中,各种对比关系必须均衡合度。

(四)灵活组合 自然而然

与西方绘画相比,水墨画更具主观随意性,画家常常打破正常的思维、视觉逻辑以及时空限制,而根据主观的爱好和主题思想的要求自由选取素材,并按照水墨画特有的审美规律安排组织画面,其构图的本质特征

图 2-11　南京瞻园
Fig. 2-11　Zhan Garden in Nanjing

图 2-12　扬州寄啸山庄
Fig. 2-12　He Family Garden in Yangzhou

可以概括为"灵活"二字[66]。这是由中国人的宇宙观和人文精神决定的。具体来说,水墨画家强调主观感受,在构图中运用鸟瞰法和散点透视,自由地运用三维甚至四维空间的组合,把不同时间、空间、地点所发生的事件在同一幅画面中完成,为画家和观者提供了更大的想象空间。同时中国画家在自然面前往往是处于相对主动的地位,可以对自然界的物象主观地进行取舍,在这样的艺术思想指导下,构图也就显现出其自由变相的特性。

　　水墨画家在组织画面时还常常超越所选素材之间的必然联系和客观实际,不受自然规律中诸如时间、空间、地点等客观条件的制约。如现代绘画大师齐白石在《草石游虾》[69]中就将本不太相干的虾子、石、松枝画在一起(图 2-13)。

图 2-13　齐白石《草石游虾》
Fig. 2-13　*Grass, Stone and Shrimps*
图片来源:《中国画构图法则》

这是一种带有浪漫主义色彩的创作理念。这种随意组合的手法体现了中国画主观调度的灵活性,具有很大的普遍性意义。灵活组合的特点也体现了水墨画艺术的源于自然而高于自然的特点。这些灵活的构图方法和画家们的创造性可以给后世的艺术创作行为带来很大的启示。

### 2.3.1.3　水墨画构图语言的基本形式

水墨画在长期的发展演变中建立了许多符合自身审美要求的构图要素,如布势、主次、均衡、疏密、对比、开合等等。中国山水画家用"五字法"对具体布局的形象性进行了概括描述——"之、甲、由、则、须",画面一般都按照这五个字的结构样式来分割空间。现代画家陆俨少先生在五字法的基础上把汉字形构图形式扩展到"田、甲、由、申、之、须、则、门"等八个字。除了用汉字表现的形式,还有用英文字母或几何图形表现的形式与其他形式。经过古今画家的不断积累和发展,水墨画构图语言的形式有了很多灵活的运用,水墨画正是通过不同的构图形式,来特定地表现某种意境。时至今日,水墨画的构图语言继承和发扬着中国画的以意象表现为主的构图理念,也继承和发扬着传统中国画常见的构图形式,现代水墨画的构图将随着中国画的现代化进程而发展,从而更加成熟[51]。

本文将水墨画构图的具体形式归纳总结为中心构图、无中心(多中心)构图、S形构图、边角构图、三角构图、满构图、环形构图、上下或左右构图等,在第五章中将结合植物造景的平面布局进行深入的研究和阐述。

### 2.3.2　水墨画的笔墨语言

### 2.3.2.1　笔与墨

随着水墨画的出现和发展,笔和墨不再分开,融合成新的组合——笔墨。笔墨的出现和独立使绘画开始追求自身的审美价值而不再为形象、题材等所限制。元代以后的水墨画题材越来越单纯,明清以后,画花是梅、兰、竹、菊,画人是渔、樵、耕、读,画山是春、夏、秋、冬。题材的解放使水墨画进一步地融入文化当中,中国文化的文化性使水墨日益发展壮大。对笔墨语言的选择是与老子道家思想的影响分不开的,对笔墨趣味的追求使水墨逐渐发展成独特的审美体系。正是道家文化中不断提到"见素抱朴""玄之又玄,众妙之门""五色令人目盲"等观念,使文人知识分子利用水墨的浓淡干湿,运用勾、皴、染、点来表现物象的阴阳向背。

笔墨是水墨画表达形式的最主要手段和技法,在水墨画中是基础的东西。除了用墨,用笔也非常重要,这直接关系到画面的气氛,林风眠的画出自西洋画基础,因此用笔轻盈,画面轻松生动。如在他的画作《荷塘》[70]中,可以看到焦点透视、环境色以及轻松的笔触,充满温润的和谐感(图2-14)。而潘天寿的画老辣浓重,这正因为和他用笔有关。潘天寿画松树怪石时用笔游刃有余,如果用此笔法画花则感到质感不太娇嫩细腻,花花草草依然老辣,不过这也正是潘天寿先生创造性地继承传统的技法,形成了独特的自成一家的风格。潘先生画荷花是另一番天地了,如《秋晨》[71]中的荷花、荷叶即以干练、概括的笔锋画出,全然没有花的娇嫩,却墨彩纵横交错,构图清新苍秀,气势磅礴(图2-15)。

图2-14　林风眠《荷塘》
Fig. 2-14　*Lotus Pond*
图片来源:百度网

图2-15　潘天寿《秋晨》
Fig. 2-15　*Autumn Dawn*
图片来源:《中国画构图大全》

从某种意义上来说,水墨画的意境几乎都依靠组成画面的笔墨,意境和笔墨两者之间的关系是相互依存的[60]。古人说:"以笔取气,以墨取韵。"潘天寿也说:"笔不能离墨,离墨则无笔。墨不能离笔,离笔则无墨。故笔在才能墨在,墨在才能笔在。盖笔墨两者,相依则为用,相离则俱毁"[72]。

#### 2.3.2.2　笔墨语言

笔墨语言是水墨画乃至中国画的主要技法。除了重视墨的作用,水墨画还重视用笔,即线的功效,而线常与书法有关,所以工画者都善于书法。此外,水墨画家所强调的笔墨技巧往往又并非光指手头功夫,绘画者的人格品行、才情道德都包含在其中,因此笔墨语言不仅仅是表层的视觉语言,其深意只能慢慢体会了。吴茀之先生认为以笔墨联称成为水墨画的专有名词有两方面的意思:一指画面上的笔踪墨迹,二指寄寓其中的笔情墨趣。如果评价某幅画的笔墨,其实几乎包括了作者表现在绘画上的全部技巧。水墨画意境的表达全靠组成画面的笔墨,意境与笔墨两者之间是相互依存的,正如人的灵魂和肉体是两个方面的统一体,也就是形神关系。水墨画中的气韵靠笔墨显示,而笔墨所追求的也以此为最高标准,二者互为因果。大致说来,以笔取气,以墨取韵,笔为主导,因为墨还是要以笔来显现的[60]。

水墨画中对笔墨语言的珍视可以追溯到其中所包含的审美观念与审美价值。笔墨可以理解为对传统的继承与扬弃。评价笔墨的好坏有三个方面的标准:一要看笔墨表达的画面整体关系是否符合主题及意境的需求;二要看笔墨表现的画面物象是否合理有度;三要看笔墨在画面中的分布及对比关系是否合适。水墨画的笔墨中要有浓、淡、干、湿变化,又要有顿、挫、提、按的节奏,还要表现气韵与意境之美。

笔墨固然重要但仅仅是个表现形式,犹如音乐中的音符。只有将音符组合起来奏出了它的主题和情节并使听众产生共鸣,才能称之为音乐。笔墨也是如此。当笔墨表现了画家的感受并能做到"及物传情",在观众的心目中引起共鸣,这时的笔墨才成为一种语言。

笔墨的表现形式是意境的寄托所在,所以水墨画的笔墨与意境应该互为表里,不能割裂。对笔墨语言的认识应该理解为是水墨画的主要表现形式,离开了笔墨特征与形式,也就无所谓水墨画了。

### 2.3.3 水墨画的色彩语言

水墨画的色彩语言体现出高度简练概括的特点。中国水墨画受道家"淡泊"思想的影响,以黑白两色为基础色彩。水墨画的黑白用色具有哲学的意味,已不仅仅是色彩学的概念,所谓"用墨而五色俱",这是水墨画的大胆创造,使艺术空间得以拓展,画面的表现力也更强。尤其是"白"的运用,不同于西方画种的白色,而是"留白",代表画面形象之外的无象之处,是用心灵可以感应到的存在,介于无形和有形之间。在中国水墨画的黑白世界里,黑白互相依存,含有奇妙的审美情趣。

#### 2.3.3.1 水墨中的黑与白

黑与白是色彩的两个极端,在三棱镜下的色光光谱中,黑为"0"而白是"100",黑白两色在视觉上的反差感是最强的,构成强烈的对比。黑白两色是明暗的极端,让人联想到昼夜的更替,阴阳的轮回。白色象征纯洁无瑕,而黑色意味高贵和庄严。黑白两色的配合,是明朗、高雅、质朴的。

在洁白的宣纸上,水墨的浓淡有着明暗的层次,也就是所谓的墨分五色,是指一笔中能分出多种层次或某一物象能区分出多个深浅浓淡的不同色阶;黑白两色的相配形成强烈的对比,当水与墨在纸上形成焦、浓、重、淡、轻等变化时,墨色的变化既表达了客观物象,又表达了主观情思,物我交融,浑然一体。沈宗骞说:"天下之物,不外形色而已。既以笔取形,自当以墨取色。故画之色,非丹铅青绿之谓,乃在浓淡明晦之间。能得其道,则情态于此见,远近于此分,精神于此发越,景物于此鲜妍。所谓气韵生动者,实赖用墨得法,令光彩晔然也。"[59]

水墨画墨色的形象依托于白的形态变化,所谓"黑从白现"就是这个道理。因此在水墨画中,空白是形象的延续与衍生状态,体现出水墨画家创作过程中极大的主动性和创新性。从哲学的辩证观来看,黑白处两极而对立、对应,具有极强的表现力。水墨画以黑白为主色,由现实中绚烂的缤纷世界归于平淡简练的黑白世界,既体现了深刻的民族性格,也包含着玄妙的哲学意蕴。

### 2.3.3.2　色彩语言

水墨画中除了黑白两色,也有其特有的彩色体系,其色彩语言体现出与其他画种不同的视觉美感,对提高水墨画画面的视觉张力、激发观者的感情、增强作品的艺术效果起着至关重要的作用。

在早期中国山水画中,艺术家也是力求以色彩来表现客观对象的绚丽多彩。魏晋南北朝时,中国画处于"随类赋彩""以色貌色"阶段。水墨画的出现,改变了中国画的发展方向。从彩色到黑白,从青绿山水到水墨山水、水墨花卉,水墨画渐渐形成了自己独特的色彩语言,其中展现的是"天人合一"的色彩观,体现出强烈的概括性和主观意味,不受光色变化的限制,不强调特定光源、环境下的视觉感受。"目识心记"的观察方法,也使作者对自然色彩有了选择取舍与概括提炼。以意造色,增加了创作的移情性和自由性。因此,在水墨画中,竹子可以画成绿竹,也可以画成墨竹或朱竹。

中国画的色彩语言中,墨的运用占有重要的地位。在水墨画高度发展之后,墨与色的关系是一种主从关系,因此,有"墨不碍色,色不碍墨"以及"以色助墨光,以墨显色彩,要之墨中有色,色中有墨"等墨与色的关系的阐述,水墨画中用色忌枯、忌火、忌俗,忌主次不分,忌平淡无味。因此,潘天寿说:"设色须淡而能深沉,艳而能清雅,浓而能古厚,自然不落浅薄、重浊、火气、俗气矣。"[73]

### 2.3.4 水墨画的意境语言

意境是水墨画的灵魂,是水墨画图式语言的最终目的,也是衡量一幅作品成败优劣的标准。水墨画的意境是绘画基本要素的综合反映,是由作品的图式语言综合构成营造,并通过作品直接呈现。它通过绘画过程中独特的艺术手法和画面组成,表达出画面的情景交融、物我贯通,达到作者与画作、作者和观者、观者与画作之间的灵魂交流[54]。

受老庄、玄学与佛学禅宗思想的影响,中国艺术家很早就认识到在作品中展现自我、展现人生感悟的重要性,体会到利用虚实结合、"象"与"象外"统一的艺术形象来表达画面主体思想的"意"的重要意义。谢赫的《古画品录》就提出"若拘以体物,则未见精粹,若取之象外,方厌膏腴,可谓微妙也"的精辟言论[74]。宗炳也认为"旨微于言象之外者,可心取于书策之内"。他们都认为艺术创作必须深刻表现作者的主体思想情感,表现出人生的真谛。

"意境"中,"境"是"意"的具体体现,是"意"的创造与落实。故而"意"与"境"向来都是两位一体的。意境是画家的主观情感、精神理想与自然物象的融合,是从触景生情到寓情入景,最后达到情景交融的过程,与作者的文化素养、人生经历、审美情趣以及心态性情息息相关。画家在触景生情的基础上,对自然物象加以提炼、加工,寓情入景,借景抒情,从而达到情景交融,才能创造出寓意深远、内涵丰富的艺术境界。

"情景交融"是意境创造的最终目的,它主要体现在两个方面:一是作者通过自然景物与自己的主观意愿相互沟通,创造出由作者的审美体验和审美情感相结合而产生的具有特殊性、典型性且寓意深远的审美意象,从而达到创作者与客观物象的情景交融。二是这种具有典型性的意象,能使观者通过想象与联想,在思想情感上受到感染,与作者所创造的意境产生共鸣,从而达到观者与作品的情景交融。因此,意境是具有典型性的艺术形象及其所诱发的艺术联想的总和,而对物象的具体营造与构成方式则是创造这种典型性和诱发艺术联想的契机。

创造意境是水墨画创作追求的目标,其契机本于立意。清方薰《山静居画论》中言道:"作画必先立意以定位置,意奇则奇,意高则高,意远则远,意深则深,意古则古,庸则庸,俗则俗矣。画有尽而意无尽,故人各以意运法,法亦妙有不同。"[75]意境的创造由作者作画时心意的高下而定,而且意境的创造最终要落实到具体的物象营造与构成、组合方式上来,因此,意境语言不是孤立的一个概念,构图语言是意境创造的具体外在表达。

水墨画意境的创造不但有赖于画家对客观物象深刻的观察体悟,而且更有赖于画家主体情思的积极活动。意境创造的触景生情必须"外师造化",但这只是意境创造的前提与基础。必须进一步由对造化的感悟进入画家的内心世界,也就是"中得心源",在主体审美心理等因素的作用下,物象与主观心意交融于一体,才能形成主、客观一致的意中之境。这个"中得心源"的艺术创造过程,是一个主客一体、心物交融的艺术加工过程,而"心源"的主观能动作用,是意境创造的主导。因此,意境的创造由于"心源"的差异而因人而异,从而使水墨画意境的创造带有典型性与个性化的情感色彩。

## 2.4  本章小结

水墨画的图式语言自从这一画种出现以来就一直被运用着、传承着,古往今来的画家、美学家们从各个角度都做过许多阐述和研究。本章对水墨画图式语言的概念、总体特征及构建进行了总结和归纳。

首先,界定了水墨画图式语言的概念。

其次,将其总体特征总结为形神兼备、笔墨精神、意境追求、人格内涵四个部分,这四个部分也可以说是四个层次,抑或过程中的四个步骤或表达时序:形神兼备基于宏观的思考,是在落笔之初就要想好的;笔墨是表达的载体,其中蕴含着作者的功力和精气神;意境追求是水墨画的灵魂;而人格内涵体现的是作者的人格魅力和气节,是比画面的意境美更高一个层次。

最后,对于水墨画图式语言的构建,本章将其分为四个部分,即构图语言、笔墨语言、色彩语言和意境语言。对于一幅水墨画来说,这四个角度的语言是紧密相连、相辅相成的,分开阐述并不代表它们可以拆开来各自独立。

基于以上三个部分的内容,奠定了下文有关研究的基础。

# 3 自然式植物造景的概念、原则与构建

　　园林作为艺术的一种表现形式,其创作的本源和其他艺术形式一样,都是自然。园林植物造景是园林景观的重要表现层面,是最具有生命活力的构成因素。自然界中丰富多彩的植物群落及其内在的构成是园林植物景观设计的范本。如今城市化弊端日渐凸显,生态效益显著的自然式植物群落有着更为积极的现实意义,师法自然进行植物造景已成为当今世界的主流。

## 3.1　自然式植物造景概念

　　植物是园林景观的重要组成部分及意境美的物质基础之一,营造充满生机的优美环境离不开植物要素。植物造景是对植物景观的具体落实过程,侧重考虑种植的构图布局、虚实疏密、高低层次[31]。造景方式大致可以分为规整几何式和自然式两类或几何、自然和混合式三类。规整几何式植物造景是以几何图形的秩序形式美为标准;自然式植物造景则是模仿植物生长的形式作自由布置,而混合式是将几何规整、自然式两种形式结合起来使用。自然式植物造景的典范当数中国古典园林艺术。与18世纪西方的自然风景园林"模拟自然""重在写实"的特色所不同的是,中国的自然山水园林的植物配置不仅要"外师造化",还须"中得心源",也就是说,不能刻板照抄自然,而是要经过艺术的加工使自然景观得以升华。自然式植物造景有利于表现山水的自然风貌,协调周边环境,使周围的人工景观和自然景观融为一体,体现出人们返璞归真、崇尚自然、向往自然的心理[10]。

　　自然式植物造景是通过人工的方法模拟自然界植物群落的组成形式,进行植物造景的一种造景模式,以"源于自然,高于自然"为主要特点和表达要旨。造景生态结构的基本法则是植物群落的组成规律,在此基础上还须突出植物搭配后的艺术效果。自然式植物造景的空间效果与自然界植物环境相对一致,空间的变化比较随机,但人为的"造"景会对空间的景观效果进行有效思考,并不是和自然界天然生成的群落一模一样。

自然式植物造景之所以称为自然式,是由于它在形式、材质、意境上都与"自然"密切联系,在很大程度上体现浑然天成的视觉及心理感受[14]。

自然式植物造景包括三个层面的含义及特征:

(一)植物个体呈自然生长状态,生长过程中人为干预较少,形态自然天成。自然界所有的植物景观艺术性都来自植物自身,植物的枝、干、叶、花、果实都是自然孕育出的精华,人工手段无法制造出如此有生命力的物体;植物的色彩是植物本身材质的光学反应,并非人工着色;植物的生长更是自身之力,是与自然界物质交换并积累的结果。

(二)植物组合关系模仿自然植物群落,布局形式、空间结构自然。植物人工痕迹过重,让人觉得不自然、拘泥而做作;反之,植物景观保持自然状态,杂草丛生、色彩黯淡,又大大削减了艺术效果。所以植物造景的人工化程度需要拿捏得当,既保证了有效维护、组织,又要延续植物自然的生长形态。在特殊的展示阶段或者展示要求下,人工引导处于强势,而多数时期自然生长为主导,人工仅仅扶持其生长,最终协调发展。

(三)植物景观群落与环境关系自然,即植物与相邻空间及其他景观要素相辅相成,关系自然、浑然一体。植物景观的艺术效果不仅体现于植物个体与群体之中,还体现在与大环境的整体协调之中。个体展示的是点状、局部的艺术效果,群体展示了整体色彩、构图等艺术特点,园林植物景观的艺术属性更需要对艺术环境整体塑造,与其他环境要素综合起来集中展现景观的艺术效果。

"宇宙是无尽的生命、丰富的动力,但它同时也是严整的秩序,圆满的和谐。"[76]大自然是一切艺术的源泉,古希腊的哲学家柏拉图和亚里士多德均表达了"对自然的模仿是艺术的本质"。中国唐代画家张璪提出的"外师造化,中得心源"的创作思想是中国传统艺术创作途径的根本概括,不仅可以运用于绘画美学,还可以指导植物造景实践。

## 3.2 自然式植物造景的基本原则

自然式植物造景的最本质的原则就是"自然"。自然式植物造景打破了规则式植物景观的严格秩序与稳定节奏,体现了自由、灵活的特点和多变的组合。尽管植物素材在种类、数量、组合、疏密等方面多有变化,但自然式植物造景还是有其可遵循的基本规律和原则。许多学者对植物的造景原则作了总结,各有精辟之处,但总结起来其最基本的造景形式原则就是："统一中求变化,变化中求统一",万变不离其宗。

自然式植物造景是在自然力和人工干扰力双重作用下的一种动态平衡和外在表现形式。其终极目标是统一性与多样性的平衡。景观视觉的多样性是人类审美的基本需求,在各种尺度上、规模上都具有多样化的景观是令人满意的,是被设计师和心理学家所共同认可的,景观丰富多样才会引发观者的兴趣与共鸣。

从另一个角度来说,自然式植物景观尽管是灵活多变、自由自然的,但还是有很多方面体现出其统一性。从色彩上看,大多数植物所呈现出的绿色就是自然界天生的调和剂;此外,群植中单种植物的大量运用也有助于表现植物本身的特色,体现群体的力量,使植物景观具有纯粹的感染力,体现出统一和谐的魅力。

在具体形式上,单种植物的造景需要通过平面的组合变化体现自然之趣,并体现出多样与统一的关系。如柳浪闻莺草坪一侧的柳林,以及太子湾公园的无患子草坪,植物造景中借助疏密变化实现中国园林中"源于自然,高于自然"的设计理念。植物色彩虽然千变万化,但还是在绿色的大环境之中的,是统一的。植物景观的多样化程度必须与统一性的要求相平衡,自然式植物造景就是在寻找一种多样与统一之间的动态平衡。

# 3.3　自然式植物景观的构建

### 3.3.1　自然式植物造景的基本构成要素

自然式植物景观结构灵活多变,形态复杂,只有将它分解为基本构成要素才可以从根本上进行理解。借鉴现代构成语言,将自然式植物景观分解理解为"点""线""面""体",为后期造景实践提供基础性的工作。西蒙·贝尔(Simon Bell)在《景观的视觉设计要素》(*Elements of Visual Design in the Landscape*)中指出:"概括地说,点、线、面、体是用视觉表达质体空间的基本要素,生活中我们所见到的或感知的每一种形状都可以简化为这些要素中的一种或几种的结合。"[77]

### 3.3.1.1　点——孤植树、点状灌丛或树丛

"点"在几何空间中是不强调形状的一个位置,在视觉构成艺术中可以表现为圆形、正方形、三角形、多边形以及其他不定形体,在景观空间中"点"却具有多维实体性,是有面积、体积的。"点"状景观在空间中具有一

定的向心力和辐射力,向心力是指"点"可以提供视觉景观的焦点,产生景观意义上的兴趣点;辐射力是指"点"具有一定的扩张倾向,对空间有一定的控制力。"点"的向心和辐射的特性决定了在其周围存在着一定的空间——"引力场"。

水墨画中,散点成像的构图方式涵盖了诸多主观因素,画面基本呈均衡的"点"状图式。"点"是形成画面视觉的最小亮点,是画面视觉收缩的地方,有使画面闪动、紧张、活跃的作用,"点"可以是某种皴法,也可以是表现的物象,只是视觉面积呈点的状态。它一般处在画面视觉集中的位置,也可呈散点分布。

在自然式植物造景平面中,"点"状布局有两种形式:一种是作为主景的孤植树或具有主景意义的植物组合,是地块中的构图中心与观赏中心;另一种是散点式布置的植物布局,如疏林草地或散点状种植的灌木。以孤植树或者丛植树作为主景的设计中,植物个体或群体的姿态和色彩需要具备一定的视觉美感,并且需要一定的体量,可以将其作为吸引视线的空间重点;周围空间需要有一定的延续性,并且保证空间重点的孤立;前景与背景有大比例的对比关系,比如色彩、形状、面积等。适合孤植的树木要求有较高的观赏价值,可选择姿态优美、体形高大、冠大荫浓的树木,也可选择彩叶植物或花大色艳芳香的植物。作为散点式布置的植物布局,设计时要考虑到植株点的疏密变化(图 3-1),疏密是否得当,影响着植物的艺术效果和空间感,也影响着游人的心理感受。如果间距都几乎相等,就失去了空间的节奏感和自然的意味,与"自然式"植物造景的本质原则也是相悖的。这在前文的植物造景原则中已经阐述过了。

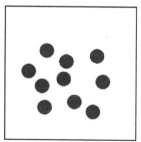

图 3-1　点的疏密变化
Fig. 3-1　The density change of points

孤植树一般都是分枝点较高的大型乔木,因此能起到良好的庇荫效果,具有一定的功能性。孤植树是空间中的视觉焦点,表现出显著的辐射力,它的数量也会表现出不同的空间意义。一棵孤植树会成为空间中唯一的视觉中心,对空间的控制力很明确;两棵孤植树可以界定出一个虚的空间界面而构成框景;当孤植树数量增加时,枝叶相接,点状意义弱化或消失,面的意味增强,其浓密的树冠就会构成一个覆盖空间。"点"状植物还有空间转折的意义,一般位于林缘的拐点上,能起到引导视线,联系空间的作用。如杭州长桥公园中心草坪上孤植的枫杨以高大优美的树形姿态把草坪周边相邻而又各自独立的三个空间联系起来,从各个角度都可以看到这棵引领空间、延续视线的枫杨,植物空间似隔非隔、互相渗透,起到了很好的转折延续作用(图3-2)。

图3-2　长桥公园中心草坪的"点"状孤植树
**Fig. 3-2　The "point" solitary tree of the Center Lawn in the Long Bridge Park**

"点"状灌丛或树丛也可成为空间的视觉焦点,达到引导视线、控制空间的效果,是园林绿地中重点布置的一种植物类型。这类"点"状植物空间以反映植物群体美的综合形象为主,但又是通过个体之间的组合来体现的,彼此之间有统一的联系又有各自的变化,互相对比,互相衬托。组成树丛的每一株树木,在统一的构图之中表现其个体美,一般都选用在庇荫、树姿、色彩、芳香等方面有特殊价值的树木[78]。作为主景的点状树丛应适当密植形成一个整体,营造比较强烈的空间效果。如果周围的环境空间足够开敞,单个树丛的空间效果如同孤植树一般,以乔木结合灌木可以形成比较丰富的空间效果。如果有多个树丛组合,则树丛间的疏密要得当并且留有一定空间,否则便与群植无异。除了作为主景,树丛还可以作为视觉诱导用在主景或者空间变化较大的位置,作为对环境的视线引导。

如杭州花港观鱼公园内牡丹亭草坪的珊瑚朴树丛，作为主景"点"状树丛，在整个植物空间中起着视觉引领作用。其中珊瑚朴的树高23 m，冠幅达到25 m，灌木层盖度低，高度落差大，立面结构层次分明，与牡丹亭遥相呼应，互成对景，理所当然地成了草坪空间的视觉焦点，体现了"点"状树丛对植物空间的控制作用，在分隔草坪空间的同时，充分体现了点状植物对视线的引导作用(图3-3)。

图3-3　牡丹亭草坪的"点"状树丛
Fig. 3-3　The "point" bushes of the lawn in the Peony Pavilion

另外，可以利用植物围合出点状空间，这个空间的重点不再是植物，可能是停留的场地，也有可能是静置的雕塑，或者是为刺激视觉而有节奏出现的点状序列。其展示要点同样是要将空间重点与周围空间明显区分出来。

### 3.3.1.2　线——林缘线、林冠线，种植走势

线是水墨画的精髓和命脉。"笔墨"中的"用笔"一般指的就是"线的功力"。谢赫"六法论"中提到的骨法用笔，就是在强调线的重要作用。可结合至植物造景中的"线"更多意义上是指"线状"布局，如"S"形构图中的曲线脉络，"金角银边"中的"金角"，等等。线主要表现为林缘线、林冠线以及受道路、河流滨水岸线等影响的植物种植走势。

林缘线是指植物边缘上树冠投影于地面的连接线，是植物配置在平面构图上的反映，是划分空间的重要手段。植物空间的大小、形态、景深以及植物意境气氛的形成等，大多依靠林缘线的处理[29]。林缘线线形的曲折变化，可以增加空间的景深和层次。作为空间内部的主要赏景面，其植物配置是关键，不同的植物配置能体现不同的空间立意和主题，如花港观鱼公园的南门入口草坪以线状种植的鸡爪槭来点明主题，通过丰富曲折的林缘线变化，创造了大小不同的空间组合，展示了无患子和鸡爪槭的秋色之美，林缘线也呈现出曲折、婉约之美(图3-4)。

林冠线是指植物群落立面构图的轮廓线。空间的林冠线对游人的空间感受影响很大。同一高度级的树木配置，形成等高的林冠线，比较平

图例：
- 枫杨
- 无患子
- 枫香
- 紫楠
- 浙江润楠
- 浙江楠
- 乐昌含笑
- 鸡爪槭
- 石楠
- 红叶李
- 桂花

**图 3-4 花港观鱼公园南门入口草坪的植物林缘线**

**Fig. 3-4 The plant forest edge line in the South Gate entrance lawn of the Viewing Fish at Flower Pond**

直、单调,但更易体现雄伟、简洁,具有一种特殊的表现力。如雪松大草坪上的雪松挺拔向上,具有气魄;闻莺馆前的垂柳枝条低拂,显得柔和、朴素。不同高度级的植物配置,能形成起伏的林冠线,视线所及之处变化细腻,景观感受丰富。

此外,在进行植物造景的平面布局时,受道路、河流或因为艺术布局需要而选择的植物走势也可以看成线,种植走势线尽管从某个角度看和林缘线有些相似,但是出发点和目的都不同。植物走势线是"布势",具有主观意味,是在平面布局之前的谋划和布置,是造景的准备和出发点。林缘线是客观存在,是造景的结果,和植物生长变化有密切关系。

"线"状布局有的强调对空间的分隔,有的则以围合空间为重要任务,呈"C""O"等围合、半围合形状,且具有一定的宽度。

### 3.3.1.3 面——片状、群植植物组合

点有闪动性与跳跃性,面有凝固性与稳定性,线有方向性与流动性,只有当点的重复排列和线的重复排列后,点与线的性质才会发生变化,转化成面。水墨画中的"面"可以是一片面状的墨色,也可以是排列密集的

满构图点状物象。而在植物造景中,"面"状布局则意味着成片的"密植"。

"面"是"线"的二维伸展,具有二维的空间属性。植物景观中的"面"状空间具有明显的场地感和稳定感,主要表现形式有草地、地被、群植的树林等。草地、地被植物的"面"主要体现一个空间基底的作用,而乔木、灌木所构成的面状植物组合主要表现为群植,可以作为覆盖空间、背景空间等。

现代植物造景中,单一树种的群落可以增强"林"的效果,体现统一、单纯的景观效果;品种多样、结构丰富的群落能很好地模拟、象征自然丛林。自然式群植的平面布局最好不要呈几何形态,其树种高度也应尽量分层。树群的层次组成一般被笼统地分为乔木层、灌木层、地被层三个层次。乔木层由于高度有优势,一般设置于群体的中间部分,从中间向外,高度逐渐降低,依次为亚乔木、大灌木、小灌木,形成梯度布局。如果群植的树群设计意图为不能进入,则植物密度可以适度加大,其外部空间特征显得更加重要,因此需要通过对局部植物配置的控制来达到良好的观赏效果。如果树群设计意图有可以进入的功能考虑,则内部空间关系及疏密对比更为重要,可以作为覆盖空间来考虑并安排一些林内的休闲活动。如杭州柳浪闻莺公园闻莺馆前草坪的枫杨林,以单纯的枫杨林形成"面"状植物空间,由于高大的枫杨下可以进行活动,这里成了一个很有特色的覆盖空间。太子湾公园逍遥坡草坪上的无患子、樱花等带状树丛结构复杂,植物组合形式多样,乔木层、灌木层、地被层结构明确,是另一种意义上的"面"状植物景观。

### 3.3.1.4 体

"体"是二维平面的三维方向的延伸,包括了景观实体与由实体所围合形成的空间。在植物景观中,不管是单株的树木、多株的树丛还是群植的树林都是景观的实体。除了植物所组成的尺度形态不同的空间实体,自然的林中空地、人为的森林砍伐地也都是空间实体的不同表现形式。

在现实生活中,点、线、面、体没有绝对的界限,它们可以相互转化。如:地球在星空中是个点,对于我们来说那是个极其巨大的球面;南京市在地球上是个点,对于我们设计者来说那也是个很大的面,其他尺度同理。因此本文中的分类只是大致为之,具体情况还需具体对待。

### 3.3.2 自然式植物造景的基本组合关系

自然式植物景观的组合是通过一系列的变量关系来实现的,变量要素包括:数量、体量、位置、方向、尺寸、形状、间隔、质感、色彩、时间、光线、视觉等。在这些变量因素中,数量、体量、形状、尺寸、色彩等是重要的影响因素。

### 3.3.2.1 数量关系

数量关系是构成自然式植物景观效果的基本要素之一,尤其是针对需要由疏密关系来体现自然式特征的植物景观来说。一定区域内的植物数量可以用密度来表示,密度的差异导致景观形态和结构的不同。密度越小,植物群落的复杂度越小,随着数量的增加,视觉单元逐渐形成不同的景观结构,数量越多,形成的植物景观结构越复杂。

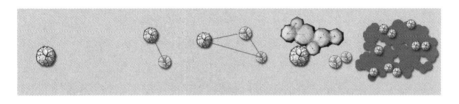

图 3-5  植物的数量关系
Fig. 3-5  The quantitative relationship between of plants

图 3-5 是对植物数量与空间关系变化的分析:植物数量为 1 时,体现孤植特征,对场地具有明显的中心控制力;数量为 2 时,暗示植株间轴线的存在;数量为 3 时,形成了美学三角形;随着数量的增加,植物个体间的相互作用加强,形成模糊与无序的状态;数量与密度的进一步加大,产生了面状的组团林地,形成了视觉的主体,孤立的树木与主体形成了依附的关系。两个组团林地的存在,与孤立的树木产生相互的干扰,形成依附和视觉力平衡的关系;组团林地的进一步加大,使林中空间脱离了林地背景而独立存在,形成新的空间包容关系。

### 3.3.2.2 体量关系

体量关系在自然式植物造景中可以理解为植株个体之间、群落与群落之间的差异关系,尤其可以用来理解不同类型、品种植株之间的配置关系。图 3-6 中所示反映了乔木、灌木、地被之间的体量关系,以及不同体量的群落之间的关系。

### 3.3.2.3 位置关系

自然式植物景观要素的位置变化,对于整体景观也有较大的影响和作用。垂直方向的位置关系由地形变化决定,水平方向的位置关系由空

图 3-6　植物的体量关系
Fig. 3-6　The massing relationship of the plants

间结构决定(图 3-7)。由于地形视觉力的影响,人的目光更多地被吸引到地形较高的地方或视线便于到达的节点处。地形高处自然分布的林木所产生的视觉力具备均衡与稳定的景观品质,视线易于到达的节点植物个体或空间对临近的多个空间起着提纲挈领的作用。

图 3-7　植物的位置关系
Fig. 3-7　The positional relationship of the plants

### 3.3.2.4　色彩关系

植物的色彩也是形成整体性景观的因子。自然界中的色彩是按照"相似色"的原则进行组合的。很少见到高饱和度的颜色。花卉为自然景观增添了色彩变化,但是统一在绿色的基调之中。

### 3.3.2.5　空间尺度关系

空间尺度是影响自然式植物景观品质的重要方面,空间尺度大的植物景观可以使人产生深刻的景观意象。场所中植物景观尺度的变化与多样,增加了景观的丰富度。不同观赏视距下的空间感受差异很大,对植物的特性质感会有相应的不同感受。对空间尺度的界定来源于人自身的尺度比例。英国著名建筑师和城市规划家吉伯德(Frederick Gibberd)通过对人视野的研究得出了以下结论:两人相距 3～8 ft(0.9～2.4 m)可以看清面部表情,两人相距80 ft(24.38 m)可以认清一个朋友,两人相距450 ft(137 m)可以辨认身体姿态。作为植物景观的尺度空间感知来说,在0～2 m的零距离"触空间"范围内,观赏者可以接触植物细节特征,得到最清晰细致的视觉、嗅觉感知;在2～10 m的"特近空间"范围内,植物的质感感知依然很清晰,能够感知包括枝叶密度、色彩等细部的变化;在10～60 m的"近空间"范围内,可感知的元素退远为植物的枝、叶、果、花等质感表现;在60～500 m的"中空间"范围内,质感差异的对象是树木的形态;在500～1 200 m的"远空间"范围内,遥远的森林林相成为质感的主要表现层面(图3-8)。

图3-8　植物的空间尺度关系

Fig. 3-8　The relationship of the plants based on the different spatial scale

# 3.4　本章小结

本书旨在研究自然式植物造景,那么相关的概念和基本理论就不能避而不提,尽管众多的学者、专家已经有了相当多的研究成果。本章简要阐述了自然式植物造景的概念和相关原则,对自然式植物造景的基本构成要素和基本组合关系进行了分析。结合造景实例,将自然式植物景观结构分解为基本构成要素,借鉴现代构成语言,将自然式植物景观分解,将其理解为"点""线""面""体",对自然式植物造景的具体形式进行归纳总结,并将植物造景的基本组合关系总结为数量关系、体量关系、位置关系、色彩关系以及空间尺度关系。

# 4 关于水墨画图式语言引入自然式植物造景的理论基础

水墨画图式语言之所以能与植物造景语言相类比,在于二者之间有一定的共同之处,这些共同点奠定了将水墨画图式语言引入自然式植物造景研究的理论基础。除了它们有着一定的历史渊源外,二者还在生态观、审美情趣、哲学基础等方面有着相通之处。

## 4.1 水墨画与自然式植物造景的历史渊源

水墨画和自然式植物造景的历史渊源关系表现在:

(一)历史上的承继关系和创作者身份的重合,这也是二者之间其他共同点的基础;

(二)在自然式植物造景和水墨画中体现的是共同的审美情趣和哲学思想,这为后文中对二者形式上的研究提供了一定的理论依据和基础;

(三)古代朴素的生态学思想为水墨画和植物造景提供了科学的依据,进一步肯定了二者的类同性。正是由于上述的共同之处,才决定了它们的可类比性。如果没有这些渊源关系,本文也就丧失了基础和依据。

自然式植物造景在中国历史很悠久,它在自然山水园中普遍运用。中国自然山水园的源头是独立于魏晋南北朝时期的山水画。绘画和园林有着共同的美学意念和共同的艺术思想基础,尤其是山水画和园林的关系更为密切,历代画家还有直接参与建园的。园林的创作意图和布局被看作与绘画的意境、布局等是大体相同的艺术,典型的园林意境也必然会和同时期的绘画思想、艺术风格基本一致[79]。

盛唐时期,山水画作为独立画科已有很大进展,格法完成,名家辈出。"山水之变,始于吴(道子),成于二李(思训、昭道)。"[6]文人水墨画是从唐代王维开始萌生的。他对水墨画的一大贡献就是弃彩用墨而产生了"墨法"。《历代名画记叙论》中张彦远说"余曾见(王维)破墨山水,笔迹劲爽"[6],这是今日所能见到的有关"破墨山水"的最早记载。"破墨山水"

就是用墨的渲染代替青绿颜色刻画山石的体和面。"破墨"就是在墨中调入不同分量的水,将其破成不同的深浅层次来渲染山石形状,这样能表达出更加丰富的阴阳变化,使墨"如兼五彩",即具备色彩的层次功能。破墨大大地发掘出墨的功效,墨能分出更多的明度层次并能层层叠加,表现出丰富细微的笔触效果并产生更多的情趣。五代画家荆浩在《笔法记》中说:"墨者,高低晕淡,品物浅深,文采自然,似非用笔。"[58]在唐以前,绘画的造型手段主要是线条,只有笔法,还不能说有墨法。当笔法不能表达的绘画效果可以由墨来表达时,墨有了自己的表现力而被称为"墨法",并与"笔法"统称"笔墨",标志着水墨画作为一种绘画形式在技法层面的确立[32]。

纯用水墨的墨法得以盛行,还和当时画者的审美取向、精神内在有关。王维能够创立单纯、具有抽象意义的水墨画,可以说与他崇信佛教有极大关系。在中国,佛、道思想是相通的,佛教是"释迦其表,老、庄其实。"老子有言"五色令人目盲",庄子也言"五色乱目",他们标榜的是"朴素"的美,"朴素而天下莫能与之争美"[80]。舍弃华丽的色彩而代之以墨,正符合道家的美学观。王维晚年隐居在辋川时,"室中只有茶铛、药臼、经案、绳床"(《旧唐书·王维传》)。他的审美意趣必然是清淡朴素、纯正单一的,弃彩而用墨也就是顺理成章的了。水墨画的出现使文人又多了一种抒发情怀的途径,审美上符合文人的口味,水墨画便在文人中大行其道。[81]

而开创于唐代王维的水墨山水画水墨渲淡、破墨变幻,它摒弃了在此之前的以李思训、李昭道为鼎盛的青绿山水中的金碧辉煌,而归于平淡,五颜六色的景色成为高度概括的浓淡墨色。以水墨皴染法作破墨山水,对后世绘画技法的发展影响深远。他的画清雅闲逸,带有柔情的恬淡的诗意。苏轼称他的诗是诗中有画,称他的画是画中有诗,把文学和艺术结合起来。正如绘画开始了寄兴写情的画风,园林上也开始了体现山水之情的风格。

也正是这位王维,在今陕西蓝田县营造了他的辋川别业。根据《辋川集》中王维所赋绝句以及后人的《辋川图》,可以了解到辋川别业位于一个岗岭起伏、自然植被丰富的山谷地区(图4-1)。王维充分重视植物意境的营造,仅因自然植被景观题名的就有文杏馆、斤竹岭、木兰柴、茱萸泮、宫槐陌、柳浪、竹里馆、辛夷坞、椒园等多处景区,仅在可歇、可观处建造亭馆,从而形成了既富自然之趣,又有诗情画意的自然园林。[82]

中国古典园林史上,长期以画论代园论,中国山水画家参与造园的创作、设计与建设的不胜枚举,使得山水画与园林在创作手法和创作思想上相互交织,互相影响。如倪云林曾参与了苏州狮子林等名园的设计;计成、文震亨既是著名的造园家,又都是画家;扬州的万石园和片石山房,相传是画家石涛的作品。在园林中直接运用设计材料进行情感的表达相对困难,而将成熟的平面艺术手法引入园林设计并用设计材料表现出来则有效得多,中国山水画相当程度上扮演了中国古典园林"设计图"的角色。中国古典园林创作者的文人画家身份无疑提升了园林的艺术境界和造园品位。他们在直接参与园林创作的过程中,早已在不同程度上借鉴和运用了绘画中的形式原则,也对这一范畴做了许多理论上的研究。如前面提到的白居易、王维等人都自建园林,并将诗情画意融于园林之中;明末清初的画家石涛和尚、清代"扬州八怪"之一的郑板桥,也参与造园活动,计成更是写出了《园冶》这样一部造园著作。在他的这部理论著作中,技巧和手法的运用与园林美学要求相结合,以诗情画意写入园林,提升了园林的审美品格。

图 4-1 《辋川别业》复原图

Fig. 4-1  The restored image of *Wangchuan Villa*

图片来源:《寻求伊甸园——中西古典园林艺术比较》

中国古代尽管造园理论专著较少,但绘画理论著作则十分浩瀚。这些绘画理论对于造园起了很多指导作用。画论所遵循的原则莫过于"外师造化,中得心源"。外师造化是指以自然山水为创作的模型,而中得心源则是强调并非刻板地抄袭自然山水,而要经过艺术家的主观感受以粹取其精华。正是由于理论以及掌握这些理论的人对园林的重大影响,决定了绘画与园林的血肉相连的历史渊源。

# 4.2 关于借鉴水墨画图式语言的生态学基础

## 4.2.1 中国的生态观

生态观可以朴素地理解为人与自然环境协调发展的观念。人类不能陶醉于对自然的胜利,每次胜利之后,都是自然的报复(恩格斯)。因此,园林植物造景的生态观,不仅要使植物与植物、植物与环境(包括生物与非生物)的关系协调稳定,更要协调植物与人的关系,使人在植物构成的空间中能够感受生态、享受生态并且理解和尊重生态。

博大精深的古代哲学中蕴藏了丰富的生态智慧。其中最精华的应该是"天人合一"和"永续经营"等。

(一)"天人合一" "天人合一"观是中国哲学思想的主干。中国古代称大自然为"天","天人"关系即人与自然的关系。历代著名的哲学家、思想家们从各自的角度对"天人"关系做了阐述,核心内容就是"合一"。如道家的庄子认为"天与人一也"(《庄子·山木》)、"天地与我并生,而万物与我为一。"(《庄子·齐物论》)天地万物,物我一也。儒家的董仲舒将"天人感应"作为其理论的核心,"事各顺于名,名各顺于天。天人之际,合而为一"(《春秋繁露·深察名号》)。宋代张载最早正式提出"天人合一"的思想,他说:"儒者则因明至诚,因诚至明,故天人合一。"(《正蒙·乾称》)他用"民吾同胞,物吾与也"(《西铭》)解释了人是自然的一部分和自然界的万物是与人同在的思想。程朱哲学以"存天理,灭人欲"为基础,提出"人与天地万物为一体"的思想,发展了"天人合一"的哲学。王夫之主张,人是自然的产物,人不能违背自然法则,"君子以人合天,而不强天以从人"。中国传统文化中,从来不把人和自然分开。正如英国学者唐通(Tong B. Tang)所说:与西方相比,"中国的传统是很不同的。它不奋力征服自然,也不研究通过分析理解自然,目的在于与自然订立协议,实现并维持和谐⋯⋯中国的传统是整体论的和人文主义的,不允许科学同伦理学和美学分离,理性不应与善和美分离"[83]。

(二)"永续经营" 按照现在的说法就是可持续发展。在中国古代哲学中可以看到许多注重环境保护和资源永续利用的例子。早在夏朝便制定了古训:"春三月,山林不登斧斤,以成草林之长;川泽不入网罟,以成鱼鳖之长"[84]，即禁止在不适当的时节采伐、捕猎。著名的"里革断罟""网开三面"的典故也体现了中国古代人民注重生态环境保护，特别是对于资源的可持续利用的生态意识。

（三）"三才之道" 《周易》称"天地人"为"三才之道"，意即人是天地万物的一部分，天、地、人相互作用，相对依赖，和谐一体。这与"人—社会—自然"的现代生态学思想完全吻合。"三才之道"就是遵循自然法则，"天地变化，圣人效之"。"夫大人者，与天地合其德，与日月合其明，与四时合其序，与鬼神合其吉凶。先天而天弗违，后天而奉天时"（《周易·文言》），即人要顺从自然以达到天、地、人之间的和谐。天、地、人三道相结合也就符合了中国人最为尊崇的"天时""地利""人合"。《周易》中的"天行健，君子以自强不息（《周易·乾卦·象传》）；地势坤，君子以厚德载物（《周易·坤卦·象传》）"以其振奋人心，体现民族精神的"天""地""君子"之道而被清华大学作为校训，"万物一体""天人和谐"的思想在中国哲学中随处可见。

（四）"道法自然" 道家提倡遵从自然规律，反对人为。老子说："人法地、地法天、天法道、道法自然。"[85]道家强调天道自然无为，人也应遵从天道、顺应自然，实现无为而无不为。

（五）"阴阳消长" "阴阳"概念是中国古代哲学的一个最基本的概念，"一阴一阳之谓道"，"阴阳消长"的辩证法思想是贯穿《周易》全书的一条主线。循环是生态系统的生存智慧，而"阴阳消长"的道理与生态系统物质与能量循环的自然规律不谋而合。

中国古代哲学从周至明清，历经两千多年的发展，积累了极为丰富的生态哲学思想，实在是不胜枚举，仅从中国的文人墨客歌颂祖国大好河山、欣赏自然及与自然美景融为一体的出神入化境界就可略窥一斑。中国古代的建筑大都注重与环境的高度融合为一。"地球表面人类最伟大的作品"万里长城，"世界奇观之一"的北京故宫以及世界上最早水利工程之一的都江堰水利工程都是"生态建筑"之杰作。苏州园林更是塑造了将自然景观与家庭融为一体的诗境[84]。

## 4.2.2 生态观在水墨画中的体现

从某种意义上来说，每一幅完美的、真正的山水画都具有生态学模型的性质。苏轼对绘画有一个精辟的论述："余尝论画，以为人禽宫室器用，皆有常形。至于山石竹目、水波云烟，虽无常形，而有常理。常形之失，人皆知之。常理之不当,虽晓画者有所不知……世之工人,或能曲尽其形,而至于其理,非高人逸才不能辨。"[86]苏轼所说的常理就是天理,就是生态学原理。

宏观上可以从水墨画的意境表达中看到生态观的价值体现。沈灏《画尘》中提到:"称性之作,直参造化。盖缘山河大地,品类群生,皆自性观。其间卷舒取舍,如太虚片云,寒塘雁迹也。"如此画境,旨在性命之源,意在天地之根。国画与《周易》和道家思想有密切的关系,古人非常在意"天道运行"和"时光流逝",春夏为阳,秋冬为阴,寒暑往来,四时代谢,万物枯荣,可见天道之循环。

具体到一些细节的表现,水墨画中讲究主次虚实、疏密取舍,用笔用墨避免平淡呆板,体现了一种追求整体效果、吻合生态学的指导思想。

从表现题材上说,水墨画表现的多为山水花鸟等自然界物象,以源于自然而高于自然为特色,它的产生和发展是受中国古代的哲学尤其是儒道思想影响的,"天人合一"等朴素的生态观念为其提供了理论上的指导。因此,在自然式植物景观和水墨画中都体现了共同的生态观念。

### 4.2.3　生态观在植物造景中的体现

对植物造景中的生态观是极易理解的。中国古典园林的指导思想是以易经为基础的风水学。易经的宗旨是"阴阳合德""天人合一"。符合自然规律,符合人类的天性,人们就会得到身心俱佳的感受。只有在这样的环境里,人们才能身心健康、精神愉悦。它的神奇之处就在于写意,表现中国文化的意味,追求自然天成的效果。这种营造优良的生态环境,讲求人与自然高度融合的态度,用现代科学术语来说就是讲究"生态学"原理。自然式植物造景更是如此。只有符合自然界的规律,考虑好植物的生长习性,所设计的方案才有意义。自然式植物造景首先要尊重植物,师法自然,结合自然,才能创造出"虽由人作,宛自天开"的艺术境界。自然界中的植物不仅有乔木、灌木、草本、藤本等形态特征之分,更有喜阴喜阳、耐水湿耐干旱、喜酸喜碱以及其他抗性等生理、生态特性的差异。造景时必须尊重植物的生态特性和生长规律。如垂柳好水湿,适宜栽植在水边;红枫弱阳性、耐半阴,适宜植于高大乔木的林缘区域;桃叶珊瑚的耐阴性较强,喜温暖湿润气候和肥沃湿润土壤,与香樟的生长环境条件相一致,是香樟林下配置的良好绿化树种;等等。以景观生态学理论为指导,营造自然式植物群落,可提高单位面积绿地生态效益;通过合理的绿地规划和植物景观设计,建立安全的生态格局还能使全局或局部景观中的生态过程在物质、能量上达到高效;植被覆盖较好、群落的层次丰富、植物种类多样的自然式绿地稳定性高,绿地自我调节的能力强,能够容纳更多的物种,有利于涵养生物多样性。以乡土植物为主构建自然式植物景观,不需要过多人工干预,而且随着植物群落的演替,绿地中不需要过多的精细管理,可以节省大量的人力、物力和财力,从而提高绿地的经济效益。

在现代园林的设计中,由于人们对自身生存空间的环境质量和舒适度的期望值越来越高,利用植物调节和改善城市生态环境、提高绿视率成为园林绿化的首要任务。利用生态学原理,合理选择植物种类、精心配置,从而大大提高绿化成活率,形成高质量的绿化景观,并且节约成本,易于管理,是对生态学原则的进一步阐述和应用。在具体应用中,就是要符合适地、适树的要求,保证群落多样性、稳定性和经济性。

美国当代著名的生态建筑创导者西姆·范·德·赖恩(Sim Van der Rvn)曾经深情地说过:"自然不仅是可利用资源的宝库,也是解决所有设计问题的最好典范。"确实,自然植物景观不仅有无与伦比的"美",而且内部充满逻辑关系,有高度的生态合理性。这一点,我们的祖先已有一定的认识,要求造园必须遵循"虽由人作,宛自天开"的设计原则。从某种程度上看,由于当前对自然的认识更为深刻,技术更为先进,现代的"师法自然"必定会有更多的新意和成果。

## 4.3 关于借鉴水墨画图式语言的美学基础

由于历史背景上的渊源关系,中国水墨画和自然式植物景观体现了共同的美学思想。《中国美术辞典》对"水墨画"的解释中提到水墨画"基本要素有三:单纯性、象征性、自然性"。这与自然式植物造景异曲同工。二者同样崇尚自然美,不求轴线对称,而求曲折蜿蜒,花草树木任自然之原貌,尽量顺应自然而参差错落,力求与自然融合,"虽由人作,宛自天开"。

对中国影响最大、最深的传统文化思想是儒家和道家。儒家学说占有主导地位,其思想基础为"仁",注重品性培养和人格锤炼;道家学说重在"道",向往"自然"。受两大传统文化源流的深刻影响,古代士人们以仁、义、礼、智、信等伦理道德处世立命,以淡泊恬静、清静无为的思想来磨炼品性和人格,于是超功利、求和谐、重自然成为古代士人的传统品性。

这种传统的文化和思想对中国传统绘画和造园具有直接影响,导致了水墨山水的产生,营建自然景色成为造园的主流,这就是儒家的寓善于美、善就是美和道家的自然就是美等观念对绘画和古典园林的影响。

崇尚道德和思想精神的古典审美观体现了美与善统一的思想,并形成了"比德"观,即把自然之物的某些特征与伦理道德相比拟的审美方法。古典园林借植物的形态特征与生物特性来比喻和赞颂人们的高尚品格的现象比比皆是,大大丰富了植物造景的文化内涵。道家认为美存在于天地自然之中,崇尚自然,成为后世主张师法自然、返璞归真作为造园造景理想境界的思想根源。基于中国的传统文化和古典审美观念,中国传统造园要体现的是人与自然的和谐与融合,以不加修饰的自然植物景观为美就成为必然。

中国古代园林多由文人画家所营造,这些人作为士大夫阶层反映着当时社会的哲学和伦理道德观念。中国古代哲学"儒、道、佛"的重情义,尊崇自然、逃避现实和追求清静无为的思想汇合,形成一种文人特有的恬静淡雅的审美趣味,也就决定了中国造园的"重情"的美学思想。

在西方人眼里,自然美本身并不具备独立的审美意义。黑格尔在他的《美学》中曾专门论述过自然美的缺陷,黑格尔对自然美的轻视是从"理念的感性显现"这个美的定义所产生出来的,所以自然美必然存在缺陷,不可能升华为艺术美。因此西方园林是人工创造的,按照人的意志加以改造,才能达到西方人心中完美的境地。

而中国人对自然美的发现和探求主要是寻求自然界中能与人的审美心情相契合并能引起共鸣的某些方面。中国园林虽从形式和风格上看属于自然山水园,但绝非简单地再现或模仿自然,而是在深切领悟自然美的基础上加以萃取、抽象、概括、典型化。中国人的审美不是按人的理念去改变自然,而是强调主客体之间的情感契合点,即"畅神"。它可以起到沟通审美主体和审美客体的作用。从更高的层次上看,它还可以通过"移情"的作用把客体对象人格化。庄子提出"乘物以游心",就是认为物我之间可以相互交融,以至达到物我两忘的境界。因此,西方造园的美学思想是人化自然而中国则是自然拟人化。

中国自然审美观是中国绘画与中国古典园林的核心精神。二者在千百年的发展中互相渗透、互相影响、互相补充,它们都是借助自然的形式语言来传达出创作者对环境的态度。通过从水墨画到中国古典园林的研究,再到自然式植物种植形式的探讨,可启发现代设计师对传统形式语言的理解。中国古代对"自然"的尊重是哲学(包括美学)意义上的,西方现代对"自然"的尊重更多是生态意义上的。"道法自然"既是一种审美观,又是中国人探索和欣赏自然美并将其用于风景园林实践的方式。在中国人的心中,自然包括外在和内在两个世界,自然之美存在于主观世界和客观存在的和谐平衡之中。因此,只有接近自然,观察、学习和欣赏自然万物才是正确之道[87]。

## 4.4  本章小结

本论文研究如何从水墨画图式语言中提炼出可以运用于自然式植物造景的规律,这个研究过程必须获得相关的理论支持。研究的本质基础在于对自然的认识。人类对自然的认识是无穷尽的。对艺术创作本源"自然"的模仿,并不是模仿和刻画自然的表面形式,根本的是要去体会自然的精神,感觉自然表达万象的生命过程,是对隐含在自然繁华物质外表之下的自然品质的把握。"自然本是个艺术家,艺术也是个小自然,艺术创造的过程,是物质的精神化,而自然创造的过程,是精神的物质化。"[76]既然水墨画和植物造景都以自然为创作之源,二者必然有着千丝万缕的关联。本章从历史渊源入手,研究了二者的生态学关联、美学与哲学的共同认知,奠定了关于水墨画图式语言引入自然式植物造景研究的理论基础。

# 5 基于水墨画图式语言的自然式植物造景研究

将具有数千年发展历史的水墨画图式语言的形式和特点引入自然式植物造景，通过对植物的精心安排和合理配置，可以在平面布局上形成富于变化的林缘线，立面上表现出起伏曲折的韵律美，形成开合有致、疏密得当的植物景观，对植物空间及意境的营造起到相当重要的作用。

基于水墨画图式语言的自然式植物造景研究可以分为三个层次，即宏观、中观和微观。从宏观上来说，水墨画对自然式植物造景的借鉴意义在于综合的考虑，也就是"意在笔先""置陈布势"的过程，对地块的性质进行深入研究之后，提出最适宜的植物景观规划意向。中观层面的借鉴意义表现为：遵循水墨画图式语言的原则，将水墨画的语言引申到植物的大布局形式、群落的总体形态以及大空间的营造上，为植物造景提供可操作的理论及实践依据。而微观上的借鉴意义就更为具体，可以细化到具体的植物配置，比如几株植物之间的疏密关系、孤植主景植物和配景植物的主次关系、植物组合之间的色彩搭配等等，本书重点在于宏观和中观层面的研究，微观层面在本书中不做深入探讨。

## 5.1 基于水墨画图式语言的植物造景形式原则

中国水墨画的图式语言，是画家在有限的平面空间里选择体现立意的视觉形象，按照形式美的法则，运用形式的因素，使之具有条理性、既有变化又和谐的构成形式。它不仅仅是布置安排画面，与构思、立意、色彩、形式以及意境等都有密切的关系。中国古典园林艺术也十分注重景物的布局安排和空间的连贯衔接，为了在有限空间中取得小中见大的艺术效果，十分重视对比、渗透与层次。同样，在植物造景中也必须重视各种原则的运用，这样才能营造出优美的植物景观，体现出不同的植物意境。

水墨画的一些构图法则，对植物造景是有指导及借鉴作用的。学习水墨画的图式语言，将其精髓灵活运用到植物造景中来，形成适合本身特点的一些规律。结合植物造景中的一些情况，总结出一些形式原则，这些原则不仅体现在植物造景的平面布局中，也体现在立面、空间等方面，对植物造景相当重要。

### 5.1.1　置陈布势

水墨画作品中的"势"是虚拟的势能，它体现在作者与观者的视觉心理感受上。"飞流直下三千尺"的诗句之所以让读者觉得气势宏大，正因其有位置的落差，才使人们从心理经验中体会到"势"的力量。画中的布势，即指通过对形态的选择与位置的经营来体现画面的视觉走势，使点、线、面、块等形态要素构成的节奏韵律形成一种运动的冲击力。水墨画作者笔势运动的起、承、转、合，抑扬顿挫，牵动着观者视线的方向，对观者的情感起伏是一种能动的引导和感染，控制与引导画面"势"的方向[51]。

"势"是体现于水墨画二维空间之中的图式语言，它和植物空间多维造景、全方位多角度观赏的目的性有本质区别，因此植物造景有自身的规律。但是从总体布局角度上说，植物造景时对整体脉络的把握和水墨画中的布势是同源的。植物造景平面布局中同样也需要"势"的安排，而植物群落的平面脉络就是它的"势"，平面布局的脉络走向、连绵或零落就构成了其中的起、承、转、合。在布置植物的平面形式之前，要根据地形和设计要求，确定布局总的"势"，做到心中有数，才能对植物细节种植形式成竹在胸。

布势的重点在于结构构思。对于如今的园林植物景观，由于其面积特点与开放性要求，不应该再仅仅拘泥于局部小空间的精雕细琢，而首先应该通过植物造景或者植物与其他园林要素组合，构建整个区域的框架系统，形成对整个场地的空间控制。在这种结构的统领下，小空间的琢磨才显得更有意义。

植物的"势"是与所设计的地块形状相联系考虑的。因为植物造景不同于水墨画创作，一般来说，像水墨画那样有一个规整的方形或扇形的地块的情况是比较少的，地块多为不规则的自然形状，所以布势对于种植植物来说就显得更为重要。植物造景可以参考水墨画的布势格法，考虑好整体布局，意在笔先，对后期的细节把握意义重大。

### 5.1.2　宾主相辅

水墨画讲究"宾主有序""宾主相辅"，即画面有主要部分和次要部分

图 5-1 〔元〕高克恭《云横秀岭图》
**Fig. 5-1 *Cloud-floating Mountains***
图片来源:《中国画构图大全》

之分,画面所要表达的主题内容有主宾,画面构成也要有主宾,因此构图时不能把所绘形象平均对待,需要营造一个构图中心。宾主关系通过二者之间的大小、位置、远近、多少、高低、趋势的安排来完成。宾主关系同时也反映了画面上的一种对比关系,常见的做法是用主大宾小、主实宾虚、主浓宾淡等手段来突出主体。有时也会反其道而行之以打破习惯,并不千篇一律。这就要在宾上下功夫,运用各种艺术手段来引导视线,衬托主体。

宾主关系作为中国绘画艺术形式美的原理之一,与中国儒学的道德伦理观直接相通。儒学的尊尊卑卑、父父子子、君君臣臣的主次思想与自然现象、艺术观念异质同构。山有主峰,水有主流,建筑有主体,音乐有主旋律,诗文有主题,绘画当然也不例外。故宋李成在《山水诀》中说:"凡画山水,先立宾主之位,次定远近之形,然后穿凿景物,摆布高低。"还有画家说:"一图有一图之主,一幅有一幅之主。使主在人,则人非主;主在屋,则屋外皆余。"这些论述,无不说明中国绘画自古以来就很重视主次关系。值得注意的是,水墨画中所研究的宾主,是讲画面结构上的宾主,和自然物本身的宾主无关。元代画家高克恭《云横秀岭图》[89](图 5-1)中为了突出主峰的高峻,山下的土坡、树木除了在构图关系、体量大小上不能争抢画面,另又用白云遮掩,更加低调。

同理,营造植物景观时常常将某些植物个体或植物群落设计成主要观赏对象。为了避免呆板,植物平面布局的构成也要有主宾。因此,在布置植物时不能平等对待,更不能喧宾夺主,需要营造一个视觉重心,从而使主题植物能够被最充分地表现出来。

比如在园林植物空间的布局中,如果大空间由若干个小空间组合而成,一般都会采用一些手法使空间关系有一定的主宾层次。要么是景观内容特别丰富,要么是面积明显大于其他空间,要么是位置或高程比较突出,要么就是体现出布局上的向心作用,从而使其成为大空间的重点。不仅空间要有主次,围合、分隔空间的植物群落也要有主从和重点,若主从不分而一律对待,空间就会失去重心。

植物主景的设置在构图时根据实际需要而定,方法不拘一格。如杭州花港观鱼公园合欢、悬铃木草坪上的植物群落就体现了平面布局上的宾主关系(图 5-2),而柳浪闻莺公园的枫杨林则体现了立面层次上的宾主关系。

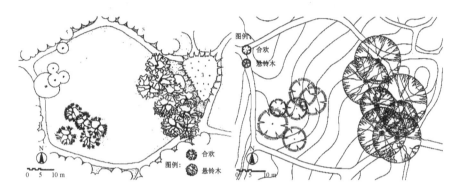

图 5-2　合欢-悬铃木植物空间设计图及现状图
Fig. 5-2　The design and status plan of Acacia-sycamore plant space
图片来源:左图引自《中国园林植物景观艺术》;右图为作者自绘

值得注意的是,由于植物的生长特点,景观的效果往往会随着时间的推移而发生很大的变化。景观的主次关系往往不是一成不变的。合欢-悬铃木草坪上的两组合欢、悬铃木纯林式树丛,随着时间的演变体现了不同的景观效果,主次关系因为植物生长速度的不同出现了颠覆性的变化。最初的设计意图中,草坪的平面布局体现了对主次景观的立意安排。《杭州园林植物配置》中提到:“面积 2 150 m²。地形呈东南向倾斜,四周以树木围成较封闭的空间。主景为自由栽植的 5 株合欢树,位于草坪的最高处。主景树对面坡下为 9 株悬铃木。”[30]也就是说,在植物造景初期,为了突出合欢的主景地位,对地形做了相应的处理,初植的悬铃木体量较小也映衬了合欢的主景地位(图 5-3)。经过了三十多年的演变,合欢-悬铃木草坪空间的景观格局发生了很大变化,主景的地位出现了更替。

5 棵合欢目前树高在 16 m 左右,尽管还有将近 2.5 m 的地形抬高,但与 9 棵生长茂盛的成年悬铃木相比,高度、冠幅和数量上都不具优势。该组植物景观以简单的树种形成了持续变化、效果强烈的主景,在视觉的

图5-3　合欢-悬铃木植物空间种植初期实景照片

Fig. 5-3　The early photographs of Acacia-sycamore plant space

图片来源:《中国园林植物景观艺术》

水平方向上主次对比分明,体现了宾主相辅的意境(图5-4)。这样一种充满变化的植物配置方式,保证了目标主景形成以前也能具有良好的景观效果,同时体现了植物景观作为四维空间而产生的独特魅力。

图5-4　合欢-悬铃木植物空间现状实景照片

Fig. 5-4　The present photographs of Acacia-sycamore plant space

### 5.1.3　疏密得当

　　"密不透风,疏可走马"——清代著名书法篆刻家邓石如引述发展前人的名言"字画疏处可以走马,密处不使透风",以一句生动传神之语道出了疏密布局中的哲理,非常形象地描述了画面中疏与密的关系,这句话是历代画家创作中的重要构图法则。

　　疏密是构图中的一个重要手段,指画面上"凝聚"与"疏旷"的对立统一。水墨画很重视将画面的线条及各种物象安排得有疏有密,避免出现导致画面刻板、呆滞的平、齐、均等不利因素,从而使画面产生有节奏、有弹性、有变化的艺术效果。要做到单纯的"疏"或"密"并不是难事,关键在于做到"有致"二字却是要费一番思考的。疏得不当,会使画面松弛、凌乱、没有精神;密得不当,会使画面沉闷、板结、滞重无光。

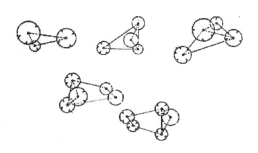

图 5-5　植物配置中的疏密关系

Fig. 5-5　The density relationship in plant design

"疏"和"密"在自然式植物造景中也是非常重要的形式因素,离开了疏密关系,植物景观的自然情致就失去了意义而变得均匀、规整,"自然式"也就无从谈起。疏密关系可以体现在平面上,也可以体现在立面林冠线上,还可以表现在空间关系上。在微观的配置中,只要多于 3 棵树,就会运用到疏密关系(图 5-5)。一般地说,"疏"和"密"的关系是比较密切的。疏有赖于密的安排,密有赖于疏的衬托,强调两者的差距,形成疏密的强烈对比,布局才有生气。疏密是否得当,影响着植物的艺术效果和空间感,也影响着游人的心理感受。

位于杭州植物园分类园的裸子植物区与蔷薇区水边的一组杉林植物景观,在疏密关系上处理得相当出彩,也一直作为科学性与艺术性完美结合的植物造景案例受到专家学者的推崇。

这组植物的科学性首先表现在品种及种植环境的选择上,满足了植物的生态要求。设计师将较不太耐湿、又需要一定水分的水杉植于离水边稍远处,将最耐水湿的水松植于浅水中,而将原产北美沼泽湿地的落羽杉及池杉植于水边,故植株生长健康、群落相对稳定。膝根现象也成为人们林下活动时注目的焦点[31]。

该杉林组合的艺术性表现在疏密关系的把握上。在该组植物平面布局中,疏密变化得到很好的体现。这组植物模拟杉林在自然环境中的生长状况,布局富有节奏,避免等距种植,体现了自然式植物造景的精髓。杉林在配置时,植株间的距离最窄约 1.5 m,最宽处约 11.5 m,疏密有致。东边植物密度较大,自然成林,体现的是"密";西边植株相对较稀,体现的是"疏",边缘的 2 棵水杉株距约 3.6 m,由于具有充分的生长空间,树冠丰满、树体高大,模拟了自然群落林缘占据空间优势的植株,尽显自然。整个群落空间疏密关系自然得当,富有节奏(图5-6)。

图5-6 杉林植物配置中的疏密关系

Fig. 5-6 The density relationship in plant design of metasequoia forest

### 5.1.4 开合收放

"开合",又叫"分合"。一幅水墨画经常以"开合"作为构图的布局特征,"开"即展开、开放、开始,是构图的开始;"合"即收起、合拢、结尾的意思,是与"开"的照应。"开"则逐物有致,"合"则通体联络,其中包含有转承曲折的对应变化,开与合在画面上是一对矛盾的协调体,董其昌在《画禅室随笔》中说:"凡画山水,须明分合,分笔乃大纲宗也。有一幅之分,有一段之分,于此了然,则画道过半矣。"[90] 潘天寿先生的《晴霞》[91]中很好地阐述了开合的艺术理性(图5-7)。

图5-7 潘天寿《晴霞》

Fig. 5-7 *Lotus in Sunny Day*

图片来源:《中国画构图艺术》

开合虽是绘画的构成理论,但中国人的天地观念却是开合的形象描述与认识论的基础。在古人看来,世界本是混沌、整一的,盘古开天辟地将其化整为二,轻清之气上浮而为天,重浊之气下沉而为地。这虽是神话,却包含着中国先人认识事物的心态。宇宙由天地两个部分组成，一天一地的认识，显现着辩证形象思维的灵光。中国人这种对宇宙最简单、最朴素、最概括的形象性认识，一直贯穿于整个中国文化系统之中。如果从构图艺术的角度来看，天与地成为构成整体的两个最基本的组成部分，而此两部分原本又是一体的，化整为二，则有了变化，二又来自整，变化中仍要相互照应。因此，中国人的天地观实际上是画家的审美观在构图学中的体现。故而宋郭熙在《林泉高致》中说："凡经营下笔，必合天地。何谓天地？谓如一尺半幅之上，上留天之位，下留地之位，中间方立意定景。见世之初学，据案把笔下去，率尔立意，触情涂抹满幅，看之填塞人目，已令人意不快，那得取赏于潇洒，见情于高大哉？"[25]郭熙此说虽拘于具体之布置，但却是绘画章法学的概念。

天地观是中国画家所独具的一种对构成的认识方法和精神状态，与天人合一的艺术观是一致的。上有天、下有地，而建立在天地之间上下呼应的笔墨纵横，使中国画章法构成的起始状态成为一天一地、一上一下、一开一合、上下合一、开中有合、合中有开。开即是合，合即是开，开合的范畴既具有天地的概念，又是章法的具体实施，故而沈宗骞在《芥舟学画编·布置》中说："天地之故，一开一合尽之矣。"

开合有主次之分，但开合无定法。左开右合，右开左合，都可产生上冲式的开合变化。上开下合，下开上合，可产生横出式的开合关系。而开合的斜倚上扬，一纵一横，斜泻取势，更是变化万千。开合可以动中寓静，静中寓动，以静求动，以动衬静，贵在既独抒己意，又合乎理法，方可达开合之变。

开合要有呼应。呼应可以使开合融会贯通并于变化中求得统一。当开合中具有相同、相近的形式美因素有机而默契地相互搭配时，呼应就是自然而然的事情。呼应是开合中的和谐，是对开合的辅助，又是对开合的制约。开合没有呼应，势必节奏紊乱、令人烦躁而缺乏形式美感。开合同样贵在取势。有势则开合既有了气脉，有了走向，同时也开阔了视觉张力。大开大合，气势磅礴，大聚大散，飞扬旷远，但千变万化最终要归于统一。这不但是取势、布势的规范，而且对章法理论把握之浅深，也皆在此中了。例如，清代画家龚贤所画的《山水》[92]构图中的开合呼应（图5-8左）。

植物种植中的开合呼应不光包含着上述的转承曲折、变化有致的平面意义，其中还可以实现由此而带来的空间意义，比如"开"对开敞，"合"

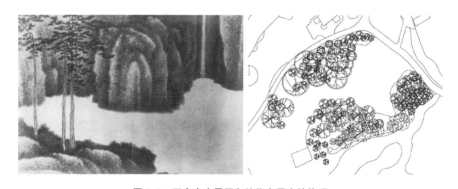

**图 5-8　开合在水墨画和植物布局中的体现**

**Fig. 5-8　The embodiment of opening and closing in wash painting and plant layout**

图片来源:左图引自《中国画构图大全》;右图为作者绘制

对封闭,与"呼应"相对应的是对景。因此,开合呼应在植物平面布局中的运用很重要。

位于杭州花港观鱼公园南门入口的草坪植物群落是以欣赏秋色为主的活动空间,面积不大,但通过林缘线的变化,使空间收放适宜,较好地体现了植物在空间构成中的作用。其植物种植也体现了平面中的开合呼应(图 5-8 右),奇妙的是,它和《山水》一画所体现的开合呼应非常吻合,这是巧合,但更是由于开合式的构图方式深入人心,符合了画家和风景园林师的共同审美取向。

### 5.1.5　以虚衬实

自然物象中本无浓淡、虚实之分,所谓虚实浓淡都是人的感觉上的判断。当这些关系作用于画面之上,再加上人们主观判断的效果,才出现了诸多"相生""相济"、对立统一的现象。所谓疏密、浓淡、虚实都是相比较而存在的,这正是"无疏不成密、无密不显疏"的道理。画面上没有虚,就显不出纸上的实,处理浓淡等关系也是如此。所以当画实有之物时,同时要在脑子里把握好空白与疏密。

疏密、虚实、浓淡等关系的前提,是要服从画面上的主次,主次是相辅相成的,有主才有次,有次才能有主。按照潘天寿先生的解释,"虚实是指画面的有无问题,疏密才是指画面物象多少的问题"。简而言之,虚实多指整体布置,而疏密常指局部细节的处理。

水墨画构图中的"虚"与"实"是一对对立统一的关系,"虚"不是"无",仅仅是一种淡然的处理,"实"是相对于"虚"而产生的,虚实关系共同表现出画面深邃的意境,令人有无限遐想的空间,所谓"虚实相生,无画处皆成妙境"。

在构图中做到虚实有致是使水墨画面灵动的必不可少的艺术手段之一,处理得当可以表现出实中有虚、虚中有实的艺术情趣。水墨画中虚实分布和处理是非常灵活的,它与许多构图中所要注意的法则都有某种必然的联系,一般说来,空疏、轻薄、淡漠、稀少、遥远、浮动等为虚;密集、凝重、浓厚、繁多、近景、稳定为实。总体来说,淡者为虚,浓者为实;疏者为虚,密者为实。在李可染先生的《清漓渔歌》[93]中,着墨为实,留白为虚,但同时着墨之处透着气,也就是实中有虚,留白之处是水面且水面上有船,也就是虚中带实(图5-9)。

**图5-9 李可染《清漓渔歌》**
**Fig. 5-9 *Fisherman's Song on the Lijiang River***
图片来源:《中国画构图大全》

就园林植物造景来讲,虚实反映在很多方面。从平面布局上来说,植物群落体现的是精心布局的实体,这是"实",而水体、草坡等着墨较少的则为"虚"。从立面层次结构上来说,高大的乔木体量大、视觉冲击强烈,对应着浓墨的"实",而低矮的灌木、地被轻松、亲切、唾手可得,对应着的是"虚";由于植物群落具有一定的层次和厚度,所以,对于同一个立面,也可以按各层盖度不同来划分为若干段落,有的段落以实为主,实中有虚,而另外一些段落以虚为主,虚中有实。由于植物的季相变化,同一立面在不同季节的虚实关系也不尽相同。从大的空间关系来说,"虚"所指的是空间,"实"所指的是植物群落实体。园林植物空间之所以具有诗情画意般的艺术境界,完全有赖于空间的曲折和变化,而空间又是借实的植物形体来体现的,所以,最终还是离不开虚实关系的处理。对于具体的植物单体来说,"实"的部分是树冠,"虚"的部分是树木的枝干。对于空间来说,乔灌草层次丰富、立面结构高耸的植物群落是"实",而草坪空间就是"虚"

了。在花港观鱼公园的牡丹亭景区的规划设计上就体现了这一思路。如图5-10所示,牡丹亭所在的植物片区以密植为主,植物郁郁葱葱,层次丰富,体现的是"实";而和它所对应的区域则为一片草坪开敞空间,体现的是"虚",空间语言中体现了虚与实的对比关系。

图 5-10　牡丹亭景区植物景观空间的虚实对比

Fig. 5-10　The space contrast of the plant landscape in the Peony Pavilion area

图片来源:上左图片为杭州航片;上右图引自《中国园林植物景观艺术》;下图为作者自摄

### 5.1.6　均衡统一

均衡也可理解为"平衡",在构成学中是与"对称"相对应的,是水墨画面构成中非常重要的手段。它在造型艺术上的运用比对称更活泼、更具审美意义。均衡的原则是变化中求统一、统一中求变化。对称和均衡的关系恰似"天平"与"中国秤"的关系,均衡不依靠量的绝对平均来达到平衡,而是通过灵活的空间布局处理来求得稳定。这种均衡的特征恰好体现了自然式植物造景的要求,规则式植物造景对应的是天平式的对称美感,自然式植物造景对应的是中国秤式的均衡美感。齐白石先生的《自称》[94]一画中,用趴在秤钩上的小老鼠来生动地体现了平衡的作用,当然,齐白石老人画中深意远不在此。笔者用这幅画来表达均衡的含义,也是出于表象、深层等多方面的内涵考虑。画家用笔简洁,色彩单纯,从色彩、构图、空间平衡等多方面达到了

图 5-11　齐白石《自称》
Fig. 5-11　*Weigh Myself*
图片来源:百度网

巧妙的均衡统一,同时产生了妙趣横生的意境美(图 5-11)。

植物造景中无论自然景观还是人工景观,凡是具有美感的,都是景观的各个组成部分之间具有明显的协调统一。在园林植物配置的普遍意义上来说,植物材料在形体、体量、色彩、线条、质感方面有很大的相似性,即为配置的统一性,但是过于统一也会产生呆板、单调的感觉,如果过于多样而缺少统一,又会显得杂乱无序。所以,在植物配置中必须遵循统一中求变化,变化中求统一的准则。基调树种由于种类少、数量大,形成植物景观的基调及特色;起到统一作用;而一般树种,种类多但数量少,起到变化作用。多样中求统一,在统一中求变化,整体上达到均衡和稳定的效果才能给游人以安定感,进而得到美感和艺术享受。植物造景中的均衡,就是要利用不同分量的形体、色彩、结构等造型因素,在平面和立面上达到力量上的平衡,将变化和多样统一于和谐的整体感中,以求得庄重、严谨、平和、完美的艺术效果[95]。

植物平面布局和绘画艺术的构图结构一样,不能也不可能拘于一种形式因素。各种构成因素的综合运用,既是对艺术规律的灵活掌握,也是艺术创造的必然。恰如其分的安排与调节每一棵树、每一根草,使构图更好地表现特定的设计意图,从而通过构成因素的综合运用,创造出优美的植物景观。

图 5-12 中所示是柳浪闻莺公园的一个复层树群。该组植物位于林缘和道路之间的空间内,场地面积约 1 500 m²,主要的植物层次有三个:香樟、木绣球＋琼花、草坪,植物空间风格明快,简洁洗炼。从平面图上看,体形高大的香樟数量虽少,但处于地块边缘,对郁郁葱葱的背景林及木绣球、琼花起着很大的平衡作用,自然式混栽的密林强化整体空间效果,在高度、体量上与香樟相呼应,二者取得了均衡的美感;从植物品种上看,木绣球和琼花是同属植物,植株外形相似,间距较小,树冠紧密相连成一个整体,春季开花时木绣球与琼花的花形成一条壮观的花带,而 2 棵香樟间距约 22 m,各自冠幅分别为 10 m 和 16 m,以树干暗示了空间的边界,与木绣球、琼花为主的林缘形成虚实的对比。从植物景观实际效果看,高约 3 m 的木绣球＋琼花灌木层配置于阔叶混交林的林缘,突出春季景观,密林中枫香、银杏等秋色叶树种突出了秋季景观,这也是一种均衡与统一的体现。

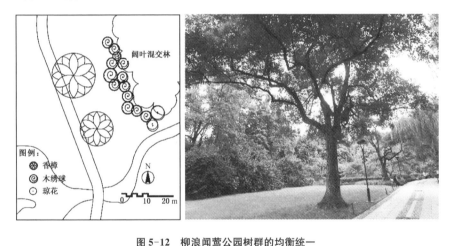

**图 5-12　柳浪闻莺公园树群的均衡统一**

**Fig. 5-12　The balance of the plants in the Orioles Singing in the Willows**

# 5.2　基于水墨画构图语言的平面布局研究

作为植物造景艺术来说,设计语言的重要性不容忽视。尽管植物造景是一门时空范畴的艺术形式,但设计者首先要考虑的依然是在特定地域范围内的植物布局以及空间形式。自然式植物造景不同于野生自然植物群落,为了获取更高的艺术效果,采取一定的布局形态形式是极为重要的。植物群落必须主次分明,疏密有致,而具体的度到底该怎么样把握,主次该如何分明,疏密又怎样才能有致,这些问题关系到植物种植平面的布局,也关系到立面及空间的效果。

借鉴水墨画的具体构图语言,结合自然式植物造景的形式规律,总结出一些可以落到实处的植物平面布局形式。研究过程中,可以运用AutoCAD 软件进行构图形式的图像采集,这样可以滤掉次要因素,抓住构图形式的实质,将其应用到植物造景的实践中来。

水墨画是东方文人特有的观察方式和美学思想引导下的图式体系,与西方人的审美取向差异很大。水墨画原本很少以"点线面"的说法来评价作品,这本是西画里引为重视的构成要素。但鉴于该说法的高度概括性,及其对自然式植物造景的宏观指导意义,以"点""线""面"的方式来分析二者的共性,不失为一个实际的好方法。

根据水墨画的一些构图形式,结合植物造景的特点,本文将其中的一些形式引入到植物造景中,形成了井字四位法与焦点式植物布局,无中心(多中心)构图与散点式植物布局,"S"形律动与曲线形植物布局,边角构图与"金角银边"植物布局,满形构图与面状布局,环形构图与围合布局,上下、左右构图和呼应布局,复式构图与综合布局等几种对应的布局形式,还根据水墨画构图的特殊平衡形式——题款用印形式,提出了其他景观要素对植物造景布局的作用。

### 5.2.1 井字四位法与焦点式植物布局

水墨画对物象位置的安排是十分讲究的,越是简单的画面构成越讲究构图。画面的绝对中间位置虽然是形成视觉中心的关键部位,但如果物象居于画面正中,则不符合水墨画艺术美的构成规律,背离了崇尚自然的审美观念,因为水墨画毕竟不是装饰性的图案[53]。对此,中国古代画家早就总结出了"井字四位法",作为构图中心位置的最佳选择,不仅是对视觉心理因素的巧妙运用,而且切中了构成要领(图 5-13)。

"井字四位法"也叫为"三分法",是将画面按水平和垂直方向各分为三等份,使画面

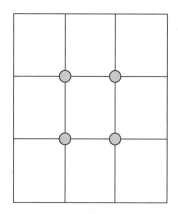

图 5-13 井字四位法
Fig. 5-13 **The principle of the Chinese character "井"**

上形成一个"井"字。"井"字上的四个交叉点即构图中心的最佳选择。物象处于井字交叉点的任何一个位置上,都可以得到重点突出、构图得势的艺术效果。因为这四个交叉点中的任何一个位置,不仅没有脱离视觉中心的最佳范围,还有了侧倚变化,使画面构成产生了动势[53]。

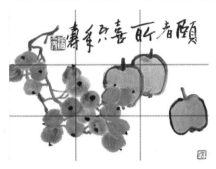

图 5-14 潘天寿《颐者所喜》
Fig. 5-14 *For Joyful Life*
图片来源:《中国画构图法则》

"井字四位法"是中国画家基于视觉原理对物象位置安排的深刻理解和精确运用,它对水墨画构图的影响具有久远的历史,其中体现的道理虽然简单,却是形成构图中心最基本的原则和技巧。潘天寿的《颐者所喜》[96]画面简简单单,看似平淡其实很耐人寻味,画幅中的葡萄、枇杷所在位置将视觉重心框于四点区域;为平衡画面,右下角的枇杷并不在"井"字的定点,而是向右偏移,整体构图十分耐人寻味(图 5-14)。这样的画面既强烈独特,出人意料,又仍然构成一个完整自足的欣赏空间,因此水墨画家在构图时总要采取各种手段使其略偏于一边。如现代水墨画大师黄胄的《洪荒风雪》[97]中,风雪中人物顶着暴风雪艰难而坚定地行进着,他们在画面上的位置都避开了绝对中心,画家巧妙地将他们放在了符合三分法则的位置上(图 5-15)。

图 5-15 黄胄《洪荒风雪》
Fig. 5-15 *Wildland Snowstorm*
图片来源:《中国画构图艺术》

三分法则阐述了视觉中心的重要意义。视觉中心是人的视觉心理的综合反映,视觉对构图的视觉注意点是视觉中心产生的根本原因。由于人的素养和修为差异,观者对观察对象的认识以及审美是有差异的,关于视觉中心的研究是基于大家普遍承认接受的画论结论。

在植物的平面布局中,也存在着构图中心的实际运用,其位置的把握能体现主次是否得当。比如孤植树的位置就不宜在地块的绝对中心上,而应该位于稍稍偏于一边的构图中心上,即符合三分法则或井字四位法。经过精心设计的园林植物空间,一般都设有主景、配景。而主景的位置往往都处于平面构图中的视觉中心,而不可将其放置在平面的绝对中心上。

在杭州西湖六公园紧邻志愿军雕像的一个植物空间,面积仅有2 075 m²,随着周边道路的设计,相应形成了一个以悬铃木围合而成的扇形植物空间。最初的设计是在扇面的视觉中心上栽植了2棵无患子树,树高9 m,树姿优美,株距7 m,枝叶交加形成了一个整体的伞状树冠。从平面图中可以清楚地看到,无患子的位置稍偏于扇形平面的绝对中心,既在构图上避免了呆板,也满足了临湖观景的功能要求。随着时间的推移,该植物景观已经形成了一个郁郁葱葱的植物群落,是最受游人欢迎的植物景观之一(图5-16、17)。

**图 5-16 杭州西湖六公园扇形植物空间的焦点式布局**
**Fig. 5-16 The focus layout of the Fan-shaped plant space in Sixth Park**
图片来源:《中国园林植物景观艺术》

此外,在杭州植物园的经济植物区内有一组植物景观的平面布局也印证了中心构图的思想(图5-18)。在由七叶树、杜仲、厚朴、壳斗科经济植物、厚皮香等植物围合的植物空间中,4棵无患子组成的植物单元秋景迷人,季相效果突出,使这一群落成为小空间中的焦点。这种效果除了得

**图 5-17 六公园扇形植物空间的实景照片**
**Fig. 5-17 The photograph of the Sixth Park**

益于植物品种选择得当、植物单元景观与周围环境的对比强烈，还在很大程度上归功于位置的恰当。在这个大约40 m×30 m 的林中空间里，4 棵无患子胸径相差1～3 倍，平均间距不到 3 m，自然形成较为完整的伞形树冠，树冠最大展幅达12.5 m，重重叠盖下金黄色羽状复叶形成的秋色景观形成强烈的视觉震撼，在空间占据相当大的分量而成为视觉重心，但该组植物单元并没有位于绝对中心，而是位于稍稍偏于北侧的构图中心上，在场地南面则留出草坪空间，形成平面及空间上的对比。

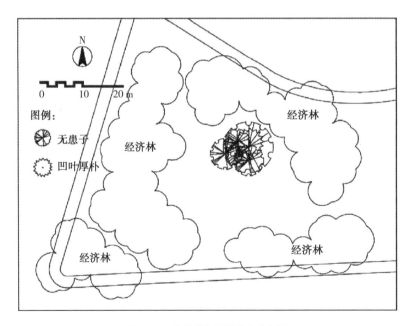

**图 5-18 杭州植物园的焦点式布局**
**Fig. 5-18 The focus layout of the Hangzhou Botanical Garden**

### 5.2.2　无中心(多中心)构图与散点式植物布局

无中心或多中心构图显然和讲求主客关系的传统构图观念相抵触。这一类构图中每个部分都因为有其他部分的存在而呈现各自的价值。画面的各个部分有联系,无主次,共同营造着一种效果。

这种构图形式在早期中国画中可以看到很多,如五代画家黄荃的《写生珍禽图》[98],画面看似散乱,但各个个体大小安排得当,画面效果依然是清新可人的(图5-19)。

**图 5-19　〔五代〕黄荃《写生珍禽图》**
**Fig. 5-19　*Rare Birds Sketch***
图片来源:《中国画构图艺术》

有一些长卷,画面没有故事情节的串联,各段是相对独立的,只是因为同一题材而被罗列在一起。这些并置式的长卷构图恰恰必须更注意形与形之间的联系,如图5-20唐代韩滉的《五牛图》[99]、图5-21孙位的《高逸图》[100]就很好地利用树石的形态,人物的背向、动态、神态,文字等的穿插将这些并置的画面构成长卷。这一类并置式长卷构图加强了中国画家的构图能力。

在壁画中,因为客观环境的制约,艺人们不得不将叙述性的长卷割裂并且叠起来,如北魏壁画《历代列女故事图》等,无意间造就了无中心构图的新样式。

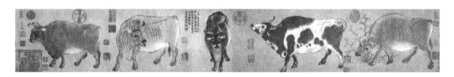

图 5-20 〔唐〕韩滉《五牛图》
**Fig. 5-20** *Five Bulls*
图片来源:《中国美术图典》

图 5-21 〔唐〕孙位《高逸图》
**Fig. 5-21** *Recluses*
图片来源:《中国美术图典》

无中心构图或多中心构图的画面不是随意布置的,它是一种繁复后的单纯。因此,如何处理好画面各部分的关系更见功力。

无疑,中国画的散点透视为这类构图扫除了欣赏障碍。中国式的无中心构图在绘画主题上仍旧是明确的、有中心的,画面的各部分以共同的内容相互联系。现代的无中心构图则往往冲破这一点,联系画面各个部分的是形的关系。所以无中心构图又是多中心构图。

多中心布局也可以理解为无中心布局,是指画面中每个部分都相对独立存在,各部分都因为有其他部分的存在而呈现出各自的价值。多中心构图表现为画面无中心注目处。这种布局关系似乎是和讲究宾主关系的传统构图语言相左的,但是各个部分处于一个画面主题之下,相互间紧密联系,尽管没有主次之分,但是却营造着共同的意境和视觉效果,体现"形散而神不散"的本质意义。

植物空间中有一类形式与水墨画多中心布局在本质上是一致的,即疏林草地。疏林草地布局的重点在于植株间的疏密关系,如间距无疏密关系,就成了等距种植,那就与自然式植物造景的本意相悖,成了规则式造景。处理好疏密关系,平面和空间的体验都会有很大效果。图 5-22 是柳浪闻莺公园的一块草地,几株垂柳在草地上婀娜摇曳,间距各不相同,体现了疏林草地自然、轻松、浪漫的空间体验。

图 5-22　植物空间的散点式布局

Fig. 5-22　The scattered points layout of the planting

### 5.2.3 "S"形律动与曲线形植物布局

中国画构成艺术的形式美中有一些具有恒定意义及效果的表现程式,"S"形律动是其中最基本的规范之一,它既是中国画构图艺术动态的呈现,又包含着朴素的辩证观念,对其最典型的体现的是中国道家的太极图(图 5-23)。

太极图又称"太极阴阳图"。其形象性的两鱼呈"S"形盘旋运转、首尾相接,将其作为绘画构成来看时则包含了绘画艺术的全部原理,因为其中有黑白、分合、动静、虚实

图 5-23　太极图

Fig. 5-23　The Tai Ji Diagram

图片来源:百度网

等一系列相生相克、对立统一及相辅相成的元素。它体现了中华民族的艺术思维方式既注重逻辑概念又注重形象性的直感观念,同时也为中国绘画建立了视觉美学基础[53]。

S 形构图是最基本的构图,其他一切构图形式都是在 S 形构图的基础上变化发展而成的。S 形构图的变化是多样的,这是因为事物的 S 形

运动方式具有普遍意义,其中有变化、有延续、有周而复始。有些时候,气势的S形运动仅表现一种趋势,相当微妙。可以说,在一切构图形式中,画面的重点部分几乎都呈现S形的布置,只不过有的明显,有的隐晦罢了。

S形构图的画面切忌平均,脉络的起承转合讲究变化,可以通过宏观的序列分布,使其在构成中虚中见实,实中有虚,贯通得势,浑然一体。它所蕴含的多样统一的形式美规律是其他形式无可比拟的。吴昌硕的《依样》[101]中,由葫芦、南瓜的藤、叶、果在长幅画面上形成一个流畅的"S"形的动态线,避免了构图的刻板,体现了生动的生活情趣。唐寅的《春雨鸣禽图》[102]也表达了相同的构图意趣(图5-24)。

本文研究的是自然式植物种植借鉴水墨画构图、笔墨的内容,对于水墨画的重要形式表现"S"形律动来说,借鉴优秀的传统形式是顺理成章的,毕竟"S"形律动本身确实是具备其奇妙的形式美。但是从客观来说,"自然式"植物种植形式以"自然式"为前提,既然是自然的,那么就理所当然地与直线脱离了关系。自然曲线的广泛使用在某种程度上就成为必然。因此,"S"形律动避无可避。另外,有的时候植物种植是要结合地形、道路或河流的走向的,自然曲线的道路、河流也就促生了植物的"S"形律动。所以,水墨画的"S"形律动是主观的,植物的"S"形律动则包涵了主、客观的统一。

在杭州太子湾公园的整体布局上,

**图5-24** 〔明〕唐寅《春雨鸣禽图》

**Fig. 5-24** *Songbird in Spring Rain*

图片来源:《中国画构图大全》

由于道路、水体的曲折变化,植物沿着自然曲线形的河流自然种植,呈现柔和、委婉的"S"形种植平面构图,显示出强烈的流畅蜿蜒的韵律美感(图5-25)。"S"形律动的主、客观运用和体现在这里可以得到完美的验证。

**图5-25　杭州太子湾公园整体布局的"S"形律动**
**Fig. 5-25　The "S" shaped layout of the Prince Bay Park in Hangzhou**
图片来源:杭州园林设计院股份有限公司

　　如太子湾的逍遥坡上,十多棵树形优美的无患子立于草坡的东侧,其迷人的秋色以"S"形曲线组合的方式发挥得淋漓尽致(图5-26)。它们依着形式自由的曲线形道路温婉地矗立着,其深色的树干、浓重的金黄色,宛如一幅油画,简单的树种在适宜的环境中表现出统一而壮观的景致。无患子株距不等,体现了自然式植物景观的风貌,三五成群的植株组合借蜿蜒的小路串成有机的整体,单侧或两侧面临开阔的草坪,使无患子伞形树冠获得较大的生长空间,缓坡起伏的草坪也为形成该组颇具气势的植物景观创造了适宜的观赏环境(图5-27)[103]。

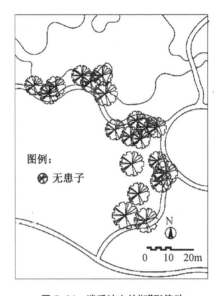

图例:
⊛ 无患子

N

0  10  20m

图 5-26　逍遥坡上的"S"形律动
Fig. 5-26　The "S" shaped layout of the Xiaoyao Slope

图 5-27　逍遥坡上实景照片
Fig. 5-27　The photograph of the Xiaoyao Slope

### 5.2.4　边角构图与"金角银边"植物布局

　　水墨画在对空间环境的处理上普遍追求着虚实相生的意境美,敢于大胆地取舍,并巧妙利用画面空白,突出主体。而在这一点上发展到极致的是"南宋山水四家"中的马远和夏圭。他们的大部分作品都有突破全景程式大胆剪裁而取边角之景的情况,被称为"马一角""夏半边",如马远的《梅石溪凫图》即为典型的边角构图[104](图 5-28)。这也是中国画常用的构图法式,素来有"金角银边"之说。角在构图中,因其位置关系,往往有四两拨千斤的效用。角兼顾着两条边,角就比边显得要重,要实。所以在任何构图中,角的处理都要十分注意。

图 5-28　〔宋〕马远《梅石溪凫图》
Fig. 5-28　*Plum Blossom on the Stone and Waterfowl in the Stream*

图 5-29　潘天寿《秋晨》
Fig. 5-29　*Autumn Morning*

图片来源:《中国画构图大全》

　　边角构图中,角与角、角与边往往处在相对的位置,这样均衡的重要性就相应突出。画家一般会采用至少空其一角的方法,使画面不至于太拥挤。当四角都有画面时,其中一角往往也要虚一些。如潘天寿先生的《秋晨》[105]画面中,花、叶位于右上角,占据了近一半的画幅,左下角是一只浓墨的蜗牛,二者呈对角态势,大师在左上角题字落款,而右下角则空出来,画面的构图不落俗套、新奇清雅(图 5-29)。

　　植物造景中也可采用边角布局的形式,即常说的“金角、银边、抠空间”。“金角”即压角处理或是障景处理,一般多位于道路交叉口,压角的处理显得尤为重要。“银边”即林带状的树丛,用来分隔道路、围合空间,还可以丰富空间的林缘线变化和空间的主赏面效果。“抠空间”即通过树丛的围合,留出中心空间。

　　如太子湾公园的望山坪就体现了“金角银边”植物布局的意味。整个草坪以山体为背景,湿地松树丛、马褂木树丛、樱花树丛呈带状布置,对道路的分隔和空间的围合作用明显,形成了一个内向的空间。虽然空间尺度较大,视角平远,但由于有山体这个大背景,空间感觉较舒适。尽管草坪由几条弧形道路围合而成,没有严格意义上的“角”,但树丛的设置恰到好处,对该草坪空间道路交叉口的处理非常适宜,依然构成边角布局,这种布局也成为该草坪空间的精彩之处(图 5-30、31)。

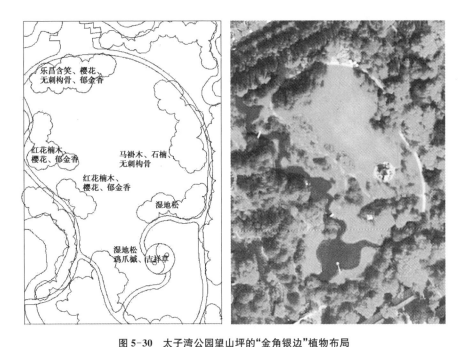

图 5-30    太子湾公园望山坪的"金角银边"植物布局

Fig. 5-30    The "corner" plant layout of the Wangshan Slope in the Prince Bay Park

图片来源:左图为作者自绘;右图为杭州市规划局提供

图 5-31    太子湾公园望山坪的实景照片

Fig. 5-31    The photograph of the Wangshan Slope in the Prince Bay Park

## 5.2.5    满构图与面状布局

前文研究的数种水墨画构图语言尽管各不相同,但有一点是相似的,那就是构图的空灵感较强烈,即留白较多。这种留白的现象在历代水墨画中相当普遍,这和文人们的淡泊、无为以及人格追求有很大关系。其实在中国文人画家提倡在水墨画中留白之前,是风行过满构图的,敦煌壁画[106]就是一个有力的例证(图 5-32)。不过历代画作中可以看出,即使是满构图仍然可以留白,这就是"画眼",是满构图的灵魂所在。水墨画发展到了现代,满构图再次成为一种运用广泛的构图样式,形成这种情况的原因很多。有画家认为大量留白的构图所带来的萧条淡泊感适于元明清文人画家们失落的心境,但已经不符合现代人的积极向上的生活状态,也有人觉得传统中国画留白留了那么久有必要再作些改变,加上国门打开以后西方文化的浸润,大量的留白和西方审美格格不入,构图形式就有了很多变化。

**图 5-32 敦煌壁画**
**Fig. 5-32 Dunhuang frescoes**
图片来源:《中国画构图大全》

客观地说,满构图确实也能给我们提供不一样的载体,用来表达现代的环境和人们的心理,画者不再坚持从远处观照世界,而是从近处观察生活。满构图除了有更为集中、更为细腻、更为强烈的表现力外,也有了更为抽象的可能性。

图 5-33 为现代水墨画家李可染的作品《凌云山顶》[107],该画的构图语言明显较为丰满,通篇着墨而留白很少,仅在画面左上角留一处画眼以增加画面的空间层次,使得构图多了一些变化。另一位画家林风眠的作品《猫头鹰》[108]采用的也是满构图,画面两只猫头鹰位于无懈可击的视觉中心的位置,由于画者深受西方绘画构图语言的影响,构图中的中国传

统意味几乎消失,画面感觉西化的味道更重一些,树叶的色彩变化也带着一些印象派画风,而不是传统绘画的着色风格(图 5-34)。

图 5-33　李可染《凌云山顶》
Fig. 5-33　*Cloudy Peak*

图 5-34　林风眠《猫头鹰》
Fig. 5-34　*Owls*

图片来源:《中国画构图大全》

　　在自然式植物造景的平面布局中,有一种形式与水墨画的满构图可以对应研究,那就是密植面状布局。密植布局一般是为营造大环境、大气氛、大背景而规划设计的,旨在形成一种郁郁葱葱的背景林地,在大型绿地植物造景中常见,也有的密植是为了营造具有活动功能的覆盖空间。

　　杭州植物园的灵峰探梅景区的梅林群落面积约 6 130 m²,密植的梅树蔚为壮观,是以观梅花赏梅海为特色的空间。这里种植的梅树约有530 棵,平均高度 4.5 m,游赏者站在瑶台俯视下去,一片梅海气势宏伟,相当壮观。梅海中种植的梅树品种各不相同,花期花色也不尽相同,到了开花季节,"宫粉""绿萼""朱砂"等此起彼伏,姹紫嫣红。在梅林群落的北侧,配置了一片杜英林,胸径达 50 cm 以上,最大的一棵胸径超过110 cm,高度达 25 m,和梅林的高度比为 5∶1 左右,立面结构层次变化很大,和温婉的梅林空间形成强烈的对比,营造出丰富多变的植物意境。在整个植物群落的分布上,梅林占植株总量的 80% 以上,梅花开放之际,整个梅林显现出一片花的海洋,充分体现出量的美,体现出密植面状布局所形成的气势和意境(图 5-35、36)。

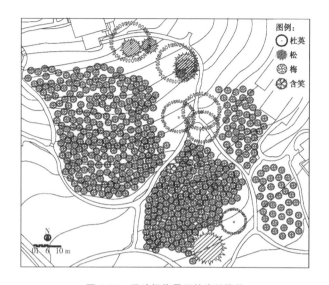

图例:
○ 杜英
松
梅
含笑

图 5-35    灵峰探梅景区的密植梅林

Fig. 5-35    The Merlin landscape of the Hangzhou Botanical Garden

图 5-36    灵峰探梅景区密植梅林的实景照片

Fig. 5-36    The photographs of the Merlin landscape of the Hangzhou Botanical Garden

## 5.2.6    环形构图与围合布局

在水墨画的环形构图中,各元素组合成一个封闭或半封闭的环形空间,画面因为具有弧的意味而显得较有抒情味。和 S 形的伸展性不同,环形构图有更大的自足性。张大千的《慈湖图》[109]就是一幅展现环形构图独有魅力的画作,连绵的山脉在画面上呈围合之势,大片的石青石绿,构成斑驳陆离的抽象水墨表现,云蒸霞蔚,千峰竞雄,撼人心魄(图5-37)。在植物造景中,环状布局可以形成围合空间,如雪松大草坪(图5-38、39)。它是杭州花港观鱼公园内最大的草坪活动空间,是一个纯植物构成的空间,占地面积约 16 400 m²,地形由南缓缓向北面的水面倾斜。整个植物布局以环状构图为主要特征,以稳重而高耸的雪松,与主干道旁的广玉兰构成一

图 5-37 张大千《慈湖图》
Fig. 5-37 *Cihu Lake*
图片来源:百度网

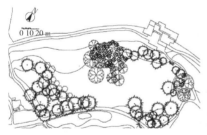 

图 5-38 花港观鱼公园雪松大草坪的围合布局
Fig. 5-38 The enclosed layout in the Cedar Lawn of the Viewing Fish at Flower Pond
图片来源:左图为作者自绘;右图为杭州市规划局提供

图 5-39 雪松大草坪的实景照片
Fig. 5-39 The photograph of the Cedar Lawn of the Viewing Fish at Flower Pond

个展立面达 150 m 的主景面,空间北面为一雪松与其他阔叶树构成的树林,游人立于缓坡之下,更觉雪松群挺拔而壮观。以雪松为主的植物布局围合中有开有合,东西呼应。雪松的集中种植体现了群体美,场地四周环状布局种植大量植物,明确限定了开敞空间,留出了充足的观景空间和活动空间,景观效果与功能都得到了极大的满足。为体现公园的休闲意味,缓和深绿色雪松形成的严肃、低沉的气氛和色彩关系,设计者在西侧的雪松林缘错落种植了 8 棵樱花,春季景观效果突出;在中央则种植了一组以香樟、无患子、枫香、乐昌含笑、北美红杉、桂花、茶梅、麦冬组成的植物组合,秋色迷人,这组植物呈岛状,点缀于草坪中央成为主景,同时划分了东西方向的草坪空间,增加了长轴上的层次,延长了景深。无患子、枫香的秋色叶为整个草坪空间增加了绚烂,桂花的香味则拓展了植物景观的知觉层次。雪松大草坪是非常成功的植物造景实例,植物景观的围合布局及开合呼应关系在平面和空间上都得到充分的体现。设计者以大量的常绿针叶树种围合空间,奠定了雄浑的气势,体现出南方少有的硬朗,又在局部穿插具有本地特色的代表树种和观花树种,表现出刚柔并济的植物景观效果,不得不让人为植物的美所折服。

### 5.2.7　上下、左右构图与呼应布局

水墨画家为突出画面的对比或呼应关系,会采用两两相对的构图,如上下相对,左右相对,黑白相对,虚实相对,对角相对,这些构图又都可演变成对峙构图。这一类构图不太注重块面间的连续关系,而强调对峙的紧张感及它们之间的微妙转换。这类画面的构图一般由左右或者上下两部分构成,这两个部分不是对称的,而是表现出对比变化同时又互为呼应的特点,因此构图的重点就集中在两个部分的变化上,如形态或大小的不同,浓淡或疏密的对比等,画面效果因这些变化而产生不同的意韵。如上下构图中有上轻下重或下轻上重之变,上轻下重的构图符合正常的视觉习惯,较为稳重,而上重下轻的构图则比较容易显出气势。左右构图的画面多为纵向结构,有直向的通透感,左右两块的对比变化和呼应是构图的着眼点,在变化中体现出均衡的整体感,对比而又统一。如图 5-40,潘天寿大师的画作《葫芦菊花》[110]是左右呼应的布局,左右两个部分所绘制的物体类型、形态、大小、色彩、深浅各不相同,但是在布局上又互相呼应照顾,体现出均衡的美感;《江山如画》[111]体现的则是上下两个部分对立统一的情致(图 5-41)。植物平面布局中采用呼应构图的也很多,前文中

提到的花港观鱼公园合欢-悬铃木草坪案例中（图5-42），5棵合欢树和9棵悬铃木遥相呼应，尽管品种、形态、季相色彩都各不相同，但不论是从平面布局还是空间意象上看，两组树丛都取得了灵活、均衡的整体效果。

图 5-40　潘天寿《葫芦菊花》

Fig. 5-40　*Gourd and Chrysanthemum*

图 5-41　潘天寿《江山如画》

Fig. 5-41　*Picturesque Landscape*

图片来源：《中国画构图大全》

图 5-42　植物空间的呼应布局

Fig. 5-42　**The echoes layout of the plant space**

在一幅水墨画构图中,为了求得不同寻常的画面效果,画家往往将几种基本构图法式融入画面,构图形式常常是灵活多变的。此外,传统绘画中的异形构图,如扇形、圆形、多边形、屏风形等,往往别具一种优雅的品位。

这些特有的构图形式,不仅为人们所喜爱,而且也成为一种文化特征。在现代构图中,有时利用这种异形构图来传达绘画的中国意味。而植物造景的场地经常是不规则用地,综合各类构图形式,灵活地进行布局考虑才是最可行的构图途径。

### 5.2.8 题款用印——植物与其他景观要素的布局平衡

古人历来有"画之不足,题以发之"的说法,题款用印在水墨画家的作品中是不可或缺的重要组成部分,它不仅是题诗赋词、表达心境和表明身份,更已成为画面构图的一部分。

题款和用印在水墨画构图中的作用绝对不容忽视,在构图中常常起平衡作用,使画面均衡、完整,其还能改变构图的视觉中心位置,改变画幅的表现内容。此外题款和用印直接参与构图,增加了画面的审美多元性。一幅画落款的位置、大小、字体的选择,用印的位置、多少、大小、形状及油色等必须经过再三推敲。图 5-43 是潘天寿先生

图 5-43 潘天寿《闲向阶前啄绿苔》
Fig. 5-43 *Pick the Green Moss in Front of the Steps*
图片来源:《中国画构图大全》

的《闲向阶前啄绿苔》[112],画面主体是两只小鸡,位于画幅的右上角,如果单单这样构图,那么重心就偏向了一角,而画家在画幅的左下方题了字、落了印,画面一下子就平衡了。

同样的道理,园林的构成元素不只有植物一种,一个植物景观节点的塑造往往也不能只有植物参加,许多景观是园林植物与其他园林要素共同组成的,是通过植物与建筑、小品、构筑物、景石、地形、景墙等配合塑造的。自然式植物造景中,构图布局的过程也可借鉴题款用印的布局方式,来达到植物与其他景观要素的平衡。不同的景观塑造表达的侧重点不同,如建筑与植物组合成景,植物可能作为建筑的衬托;而植物与景石配

合成景,则景石墙可能作为背景来衬托植物景观。

（一）园林植物与建筑、小品配合

孤立的建筑物,往往需要植物的衬托才会显得更有美感及意境。植物可以柔化其坚硬的线条;增加其与空间的联系;丰富环境色彩;加强光影变化;营造小气候,使建筑内部空间使用起来更舒适。鉴于这些原因,从古代开始,造园家就十分注重植物与建筑物的搭配。

（二）园林植物与景石配合

植物和景石组合成景应用相当广泛,在植物群落边角点缀景石,可以起到均衡构图的作用,景石的线条较硬,棱角分明,放置在柔软的草丛边或者树木枝干之下,形体、质感、颜色可以形成鲜明的对比;也有将大块景石作为主景,植物作为背景衬托,放置在场地入口、节点之中,作为主景、障景出现,塑造出自然、优雅的环境氛围。

## 5.3 基于水墨画空间语言的植物景观空间形态研究

### 5.3.1 植物空间基础理论概述

空间与实体是相对应的,空间是在可见的实体要素限定下所形成的不可见的虚体,从某种意义上说空间就是容积。对于人的感觉来说,空间是一个联想环境。植物空间即以植物为主体、由植物界定的空间环境。

#### 5.3.1.1 植物空间的"图底关系"

水墨画在画面空间的处理上大胆地取舍,巧妙布白,突出主体,空间形式大气磅礴。将"黑"与"白"的概念作为空间的形式语言来引申到植物空间形式中,"黑"可以理解为茂密丛林,"白"可以理解为疏朗开阔的草地,那么植物的空间可以用黑和白加以最简略的概括,得到一组对比最强烈的空间概念。

黑白的空间构成语言也可以借助"图底关系"来理解,程大锦(Francis Dai-kam Ching)在《建筑:形式、空间和秩序》(*Architecture:Form, Space & Order*)中指出:"我们的视野通常是由形形色色的要素、不同形状、尺寸及色彩的题材组成的。为了更好地理解一个景观的结构,我们总要把要素组织在正、负两个对立的组别里;我们把图形当成正的要素,称

之为'形'（figure），把图形的背底当成负
的要素，称之为'底'（background）。"[113]
图5-44即为著名的罗宾杯，看着黑色的时
候，我们看到的是一个酒杯，而看着白色的
时候，看到的则是两个侧面的人脸。

"图底关系"可以揭示植物景观中互为
关系并且不断转化和变化的因素，观察草
地上的树丛时，如果以树丛为"图"，草地就
成为了"底"；反之，以草地为"图"时，树丛
则转化为"底"。当"图底关系"含糊不清

图5-44　罗宾杯
**Fig. 5-44　Robin Cup**

时，在视觉上来回转换图、底的地位，几乎并行地把"图"看为"底"、把"底"
看为"图"，"图"与"底"的关系就没有正负和主次之分了（图5-45）。

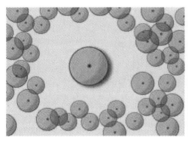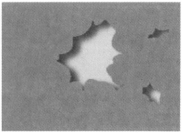

图5-45　植物空间的图底关系
**Fig. 5-45　The figure-ground relationship of the plant space**

### 5.3.1.2　植物空间的分类

植物空间的营造主要取决于平面意义上的林缘线和立面意义上的林
冠线，也就是说林缘线与林冠线的设计，不仅基本上体现出平面和立面上
的设计意图，也大体上奠定了整个植物空间设计的基础。由于植物的形
态种类及生命特质的丰富多样性，林缘线及林冠线也是常有变化的。

目前对园林植物空间的划分方法有很多，有的从功能上分，有的从围
合程度上分，有的将功能和其他划分方法混在一起，不一而同。本文从水
墨画简练的空间语言中得到启发，摒弃琐碎的划分标准，将植物空间划分
为最简单的开敞、半开敞、封闭、覆盖四种空间形态，与水墨画黑白空间对
比相一致，同时也体现出简洁写意的特点。开敞空间对应"白"，覆盖空间
对应的是"黑"，半开敞和封闭空间可以理解为用笔用墨的变化而形成的

不同形式的反映,尽管这些分类并不具备科学严格的标准,但还是有一些规律可循。

覆盖空间是垂直方向的,它的空间形态主要由林冠线来营造;半开敞空间和封闭空间是水平方向的,在很多情况下由林缘线来决定。开敞空间兼有水平和垂直两个方向的因素,即不管是四周还是空间上方,视线都是通透的。

以自然式植物造景为主的园林植物空间中,植物布局形态一般都丰富、自由,灵活多变,空间形态更是曲折灵活,各空间之间对比强烈,动态观赏趣味十足。有学者根据植物构成空间的不同方式将其分为以下五种类型:开敞植物空间、半开敞植物空间、覆盖植物空间、竖向植物空间、完全封闭植物空间,也有学者将空间形态划分为口形、U 形、L 形、平行线形、模糊形和焦点形[14]。

在本课题中,笔者结合水墨画的空间语言,借鉴以往学者的研究成果,将自然式植物空间与水墨画空间语言一一对应,分为以下几种类型:"白"——植物开敞空间、"开"——植物半开敞空间、"合"——植物封闭及半封闭空间、"黑"——密林、覆盖空间四种类型。其中,开敞空间的植物高度 $H$ 与种植间距 $D$ 的比值在 $1:4$ 以上,空间开朗通透;半开敞空间的植物高度 $H$ 与种植间距 $D$ 的比值在 $1:4\sim1:2$ 之间,空间亲和力强,吸引人们进入其中。半封闭空间的植物高度 $H$ 与种植间距 $D$ 的比值在 $1:2\sim1:1$ 之间,空间有一定的场所围合感;覆盖空间则绿荫如盖,花、叶在行人头顶上层层覆盖,灿烂无比,引人入胜。

### 5.3.2 "白"——植物开敞空间

在水墨画当中,繁复纷呈的自然物象被滤掉五色、明暗等各种表面形式而在画面上被净化为黑白关系,这时的"计白当黑""知白守黑"等特有的空间语言成为画面最基本的空间结构元素。水墨画源于自然,在植物造景中有意识地借鉴其空间语言,这也体现了高于自然的艺术特征。不同的植物空间层次互相对比,互相烘托,给游人带来不同的视觉和心理感受。

水墨画的空间语言是在中外绘画体系中最为独特的。"黑"不难理解,这是水墨画主题表达的载体,是对所要表现的物象的描绘,而"白"则是水墨画所特有的艺术语言,体现出另一种意境。"白"在水墨画中有独特的意义,这就是所谓"计白当黑",指对画中的空白和有画处的"黑"的布置安排一样重视。这里的"白"不是"没有",而是可以寄予极大想象、妙境萌生的空间。[114]有了"白",水墨构图有了最大限度的自由,如齐白石画虾可以不画水,画面可以给人以无限想象的空间,有更深远的意境。

水墨画的空间构成语言通过黑与白的明度和黑白关系的强弱,表现丰富的层次空间。利用空白反衬主题物,在用笔墨表现物象时,同时考虑到留白,画面中的黑与白不是分离和孤立的,而是相依相盼、相互依存的。清张式《画谭》云:"空白,非空纸。空白即画也。"禅宗的"色(禅宗把有形有质的东西称为"色")不异空,空不异色,色即是空,空即是色"道出了空白与物象之间的关系。"空"是有形有质的,与画中物象相辅相成、相得益彰。

在植物空间里也有黑白关系,指的是空间的开敞和幽闭对比关系。无论是形式还是内容,植物的开敞空间都对应了水墨画中的"计白当黑"。而对应着"黑"的,是密集茂盛的封闭空间或覆盖空间。

水墨画构图中的空白不是空无一物,而是画家们对画面空间布局的精心运筹,是与形式和内容融合为一的意象形态,是黑的凭借形式——离开了白,黑也就无法存在,这就是"黑从白现"的道理。和水墨画的"白"异曲同工的是,尽管开敞空间没有过多的植物配置,但是它给人的视觉感受却是丰富的。有了开敞空间开阔空灵的对比,高大茂密的植物群落才有了立面效果。开敞空间在开放式绿地、城市公园等园林类型中非常多见,像草坪、开阔水面等,视线通透,视野辽阔,容易让人心胸开阔,心情舒畅,产生轻松自由的满足感。而且开敞空间可以承担的功能性也是最丰富的。

杭州柳浪闻莺公园大草坪面积约为 35 000 m²,草坪的宽度约 130 m,树木高度与草坪宽度 $H/D$ 之比约为 1:10,空间感觉辽阔而有气魄,是一个典型的开敞空间。其景观形式简洁、空间意味深长的意境与水墨画中着墨不多却令人有无尽联想的"白"可谓异曲同工。尽管这一空间的主景是闻莺馆建筑,但从占地面积及视野感觉上,仍是一个植物空间,其斜对面有一片枫杨林。枫杨高大粗放,集中成林,更显出一种雄伟的气势,如图 5-46、47 所示。

### 5.3.3 "开"——植物半开敞空间

半开敞空间就是指在一定区域范围内,四周不全开敞,而是有部分视角被植物阻挡的空间形式。其也可以理解成介于开敞空间和封闭空间之

图 5-46　柳浪闻莺公园大草坪的开敞空间的平面图及航片

Fig. 5-46　The layout and aerial photograph of the open space of the
Great lawn in the Orioles Singing in the Willows

图片来源:杭州园林设计院股份有限公司

图 5-47　柳浪闻莺公园大草坪的实景照片

Fig. 5-47　The photograph of the Great lawn in the Orioles Singing in the Willows

间的植物空间形式。它也可以借助地形、山石、小品等园林要素与植物配置共同完成。半开敞空间的封闭面能够抑制人们的视线,达到"障景"的效果,从而起到引导空间方向的作用。

花港观鱼公园南入口草坪空间位于花港观鱼公园南门入口,空间狭长,纵深感强,是以欣赏秋色为主的半开敞草坪空间(图 5-48)。该区域的植物平面布局东西方向开敞中见曲折变化,南北方向相呼应,平面上有开有合,呼应有致。虽然面积不大,但通过一条树带和三个树岛的组合,形成曲折、疏密变化的林缘线,空间时而宽放,时而狭窄,收放适宜,丰富了游人的空间感受,这正是该空间的亮点所在。为了体现秋色的空间主题,选用了无患子、鸡爪槭、枫香等秋色树种,且都配置于林缘,由于植物个体之间的竞争,林缘植物都向草坪空间伸展,既突出了空间主题,又丰富了林缘的色彩。

图 5-48 花港观鱼公园南入口半开敞空间的平面图及航片

Fig. 5-48 The layout and aerial photograph of the half-open space of the south entrance in the Viewing Fish at Flower Pond

图片来源:杭州园林设计院股份有限公司

如图 5-49 所见,该群落由于空间尺度较小,所以没有孤植树的布置,取而代之的是树丛的形式,既可以作为面而存在,又可以看成点状植物景观,在划分空间、增强景深方面具有较好的效果。岛状布置的一组植物位于主要的透景线尽头,划分层次,并在视觉上拓展了空间范围。植物造景中立体多层次的植物配置,起到了很好的阻隔视线的作用,特别是中层常绿成分——洒金东瀛珊瑚、桂花的应用,使空间界定明确。整个场地的平面布局、空间形态都开合有致,展现了一个植物半开敞空间的情致。

图 5-49 花港观鱼南入口草坪空间的实景照片

Fig. 5-49 The photograph of the half-open space of the Great lawn of the south entrance in the Viewing Fish at Flower Pond

### 5.3.4 "合"——植物封闭及半封闭空间

植物封闭空间是指人处于的区域范围内,周围用植物材料封闭,植物宽度与围合乔木高度的 $H/D$ 之比约在 1：2～1：4 之间，使人感到封闭、安全而宁静，简单、舒适而富有变化，其间还有为散步、休憩而设的坐凳靠椅、置石等点缀其间，更增添几分宁静的气氛。这时人的视距缩短，视线受到制约，近景的感染力加强，景物历历在目容易产生亲切感和宁静感。在绿地中这样小尺度的封闭空间私密性较强，适宜于人们独处和安静休憩。其配置手法一般都是以常绿的乔灌木组成复层林错落栽植，有高有低，有前有后，栽植于空间的边缘，形成一个常绿的绿色屏障。全封闭、半封闭的区别在于围合的程度。

**图 5-50　傅抱石《井冈山》**
**Fig. 5-50　*Jinggang Mountain***
图片来源：《中国画构图大全》

如图 5-51、52，这是曲院风荷公园的一个由半围合植物群落、园路、水榭建筑外环境植物景观围合而成的植物封闭空间，草坪上的乔灌草群落呈"C"字形布局，在该群落的围合之下，空间呈现典型的封闭植物空间状态。平面布局和傅抱石的《井冈山》[115]（图 5-50）极为相似，都是以围合状态来构成平面，从而营造"合"的空间状态。从植物平面图可以看到，草坪外侧的植物群落最宽处达到 25 m 左右，东西向草坪宽度与围合乔木高度的 $H/D$ 之比约为 1：3，因此封闭意义大于开敞意义。

一般来说，外向布局的园林植物空间，空间朝向有景可借的方向。该草坪空间正好位于曲院风荷公园风荷景区水榭边，湖面景色优美，与草坪空间互相渗透，可扩展空间的范围和景深，而这里临水一侧植物配置相对密集，阻隔了水面空间和草坪空间之间的流动，形成了一个封闭空间，平面图上可以清楚地看到一个呈环状围合的布局状态。该草坪空间以一个林带来围合，林缘线为一条较平滑的弧线，郁郁葱葱的背景林带未封闭空间形成了一个很好的障景作用，在湖边形成了一个独立的植物小空间，在处处可以见水的曲院风荷公园，不能不说是个另辟蹊径的小天地。空间

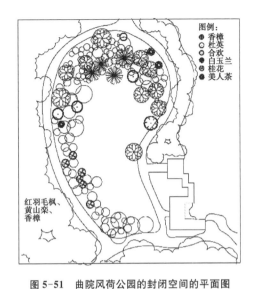

图例：
⊕ 香樟
⊙ 杜英
⊘ 合欢
⊛ 白玉兰
⊝ 桂花
⊜ 美人茶

红羽毛枫、
黄山栾、
香樟

图 5-51　曲院风荷公园的封闭空间的平面图

Fig. 5-51　The layout of the enclosure space of the Breeze-ruffled Lotus
at Quyuan Garden

图 5-52　曲院风荷公园的封闭空间的实景照片

Fig. 5-52　The photograph of the enclosure space of the Breeze-ruffled Lotus
at Quyuan Garden

还借用了悬铃木行道树来丰富立面层次，整体感觉简洁、安静，小路从中穿插而过，可以体会到封闭空间隐秘、安全的氛围。

### 5.3.5　"黑"——密林、覆盖空间

密林及覆盖空间浓荫如盖、绿量大，对应着水墨画中的"黑"（图 5-53）。

图 5-53　黑——密林及覆盖空间
Fig. 5-53　Black—the forest and the covering space

　　覆盖空间指由树冠浓密的遮阴乔木构成的顶面被覆盖而立面空透的空间。其通透性较强,只由顶平面及底平面构成,四周视线开阔无阻挡,空透感较强。利用覆盖空间的高度,能形成垂直尺度的强烈感受。有时这些植物的树冠相连,也起到引导视线的作用。高大的常绿乔木是形成覆盖空间的良好材料,此类植物不仅分枝点较高、树冠庞大,而且具有很好的遮阴效果,树干占据的空间较小,所以无论是一棵、几丛,还是一群成片,都能够为人们提供较大的活动空间和遮阴休息的区域。此外攀援植物利用花架拱门、木廊等攀附在其上生长,也能够构成有效的覆盖空间。

　　覆盖空间通常位于树冠下与地面之间,通过植物树干的分枝点高低,浓密的树冠来形成空间感。与前面的开敞空间、半开敞空间及封闭空间相比,覆盖空间是垂直方向的概念,而前三个空间形式是水平方向上的概念。尽管分类有方向上的差异,但就空间形态而言,它们还是统一于一个标准下的几个方面。

　　分枝点较高、树冠庞大的高大乔木是形成覆盖空间的良好材料,树干占据的空间较小,能够为人们提供较大的活动空间和遮阴休息的区域。树木分枝点的高低也会产生不同的空间感。在一般情况下,常见的作为园林庇荫树的有悬铃木、无患子、枫杨、香樟、枫香、刺槐、垂柳、梅树、七叶树、麻栎、合欢、马尾松、黑松等等。广玉兰、雪松、水杉等分枝点低,稍作修剪也可作为覆盖空间的庇荫树。如杭州柳浪闻莺公园闻莺馆前的枫杨林,群植的枫杨随着树龄的增长,冠盖相接,植株自然郁闭成林,成为草坪上的主景,枫杨林生长健壮、野性十足,具有自然之趣(图 5-54、55),其林下也提供了适宜各个季节活动的空间。

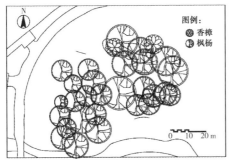

图 5-54　闻莺馆前的枫杨林覆盖空间的平面图

Fig. 5-54　**The layout of the covering space of the Orioles Singing in the Willows**

图片来源:左图为作者自绘;右图引自《中国园林植物景观艺术》

图 5-55　闻莺馆前的枫杨林实景照片

Fig. 5-55　**The photograph of the Orioles Singing in the Willows**

　　在本文中,密林的概念和覆盖空间不同,密林多指绿量、种植密度较大但不考虑林下活动场所的密植林带,如花港观鱼公园中用来分隔雪松大草坪和红鱼池的复合林带。

　　上文所阐述的是植物景观的几个空间形态。事实上,植物空间形态是在不断变化着的。随着时间的推移和季节的变化,植物经历了由小到大的生长、发育、成熟的生命周期,表现出了发芽、展叶、开花、结果、落叶的生理变化过程,形成了枝干、姿态、叶容、花貌、色彩、芳香等一系列色彩上和形象上的变化,构成了丰富的四季景象变化。植物时序景观的变化极大地丰富了园林景观的空间构成,也为人们提供了各种各样可选择的空间类型。比如落叶树在春夏季节是一个覆盖的绿荫空间,人们在林下活动,免受灼晒之苦;秋冬来临就变成了一个半开敞空间,满足了人们在树下活动、享受阳光的需要。每一株植物、每一个群落、每一个植物空间都有与之对应的季相特征,为人们带来最美的空间感受。

# 5.4 基于水墨层次的植物景观立面结构研究

中国绘画中的水墨层次是变化无穷的,浓淡相济、虚实相生。墨色浓时令人感觉厚而重,墨色淡则使人感觉清且薄。借助地形等高线原理和图像栅格化处理技术,我们可以尝试将墨色与植物绿量交会,在浓淡有致、变幻无穷的水墨层次与植物造景之间得出一种关系,进而将一幅幅水墨画卷转化为一幅幅植物景观设计图。

## 5.4.1 水墨与绿量

水墨画中以水调墨所形成的深浅不一的墨色层次构成了画面的笔墨情致,是画者抒发内心、表达画意的载体,这是个美学概念;绿量是植物的生物量,指的是所有生长中植物茎叶所占据的空间体积,这是生态学的概念。这两个概念本来并无太大关联,在本研究中将其并置,则是希望借助数学和电脑的方法及手段将它们一一对应起来,借助水墨画的浓淡意义来设计植物群组的立面结构,进行自然式植物立面设计的尝试。

在植物造景中将水墨层次和绿量联系起来,是将墨的色阶与植物的厚密度或植物的高度相对比进行研究。墨色越浓,植物群落的立面越高、空间体积叠加得越厚;墨色越淡,则反之。将水墨与绿量进行对比带有宏观的意味。在落实到具体设计的过程中,如果将其与林冠线相联系则更加便于说明。也就是说,墨色越浓,林冠线越高耸,墨色越淡,林冠线越低平。

林冠线是指植物群落立面构图的轮廓线,是自然式植物造景的一个重要设计内容,线形由所选用植物的品种、形态、尺度等决定。平面布局上的林缘线并不完全体现空间感觉,因为树木有高低的不同,还有乔木分枝点的差异,这些都不是林缘线所能表达的。而不同高度树木所组合的林冠线,决定着游人的视野,影响着游人的空间感觉。植物造景时不论大小、长短,都有一个高低不等、形态不同的树冠轮廓线,它既是植物空间的分隔线,也能表现出植物群落的外貌与风格。

同一高度级的树木配置,形成等高的林冠线,平直、简洁而壮观,能表现出某一特殊树种的形态美,如雪松树群的挺拔、垂柳树丛的柔和等。不同高度级的树木配置可形成有韵律、有重点、起伏变化的林冠线。杭州曲院风荷公园的林冠线,高低起伏,曲折有致,体现了水平与垂直方向上的对比美,杉林的挺直和垂柳的柔媚形成了线条上的变化有致,增加了植物立面的美,体现了设计的立意(图5-56)。

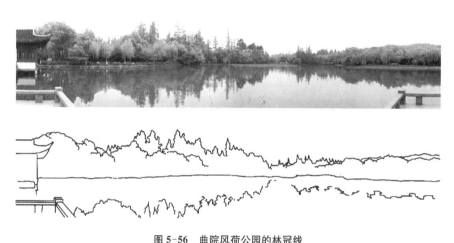

图 5-56　曲院风荷公园的林冠线
Fig. 5-56　The crown line of the Breeze-ruffled Lotus at Quyuan Garden

　　在优美的园林植物景观实例中,精心设计的植物立面比比皆是。植物立面的观赏性在进入植物空间之前就会作用于游人的视觉和心理感受。通过对一些已经得到普遍承认的植物立面设计的分析,可以从中看到一些规律性的东西。

　　杭州曲院风荷公园的一处水边的植物群组林冠线设计得很美(图5-57)。该组植物位于小路与水系之间的狭长区域,平均宽度约6 m,是以水平与垂直线条的对比来达到较好林冠效果的例子。水杉尖塔形的

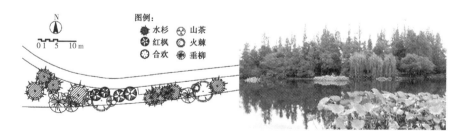

图 5-57　曲院风荷公园的林冠线设计
Fig. 5-57　The crown line design of the Breeze-ruffled Lotus at Quyuan Garden

树冠垂直向上,水面的倒影更加强了垂直线条。垂柳、合欢、山茶、火棘等丰富了中层景观,使空间时断时续。而少量红枫的运用使绿色空间多了对比色,增加了活力。水杉作为群落中的最高植物,高度是次高层的 2 倍,较大的高差增加了植物的层次。中部的水杉植株间疏密得当、自然透景,又与两端较为密集的结构形成虚实的对比。

### 5.4.2 关于水墨画图式语言引入自然式植物造景的技术基础

将水墨画的图式语言引入自然式植物造景的理论基础固然充分,但是在具体的理解和操作上还是有一定难度。水墨画的画面形式感强,以表达作者的主观情感为宗旨,这与客观特征显著、尺度感异巨大的植物造景艺术似乎很难联系到一起,抑或会认为仅仅是模拟水墨画中的植物配置方式进行现实中的植物造景。为了更好地理解这种转化,在理论基础已经完备的基础上,本文尝试以科学、理性的技术手段来进行分析研究,致力于找出水墨画和植物造景之间的图式联系,加强理解,便于从画面图式向造景布局的转化。可以采用的技术手段主要有:

(一)基于等高线原理的墨色层次理解方法  以等高线的技术方法理解墨色层次,可以帮助完成从平面到立体的观念转化。

(二)Photoshop 软件的图像栅格处理技术  借助 Photoshop 软件,将水墨画处理成栅格图像,虚化画面的具体形状。

(三)Sketchup 软件的图像立体化处理技术  将水墨栅格从平面图形向立体模型拉升,使水墨画转化为自然式植物造景成为可操作的工作。

(四)AutoCAD 软件的图像采集技术  这种方法可以将具象的图像进行抽象和简化,得到类似林缘线的线图;还作为转化方式,将栅格图像采集转为矢量图像。

### 5.4.2.1 基于等高线原理的墨色层次理解方法

以等高线的原理和方法来理解水墨画和植物造景的关系,可以使平面和立体之间产生合理的联系,并使二者之间的转换成为具有一定科学性的行为。等高线原是地理学科常用的专业词汇,指将地形图上高程相等的各点所连成的闭合曲线垂直投影到一个标准面上,并按比例缩小画在图纸上,就得到等高线。本文中使用基于等高线的理解方法,从等高线原理中学习的是相对的疏密关系及坡形的表达,并不拘泥于每条等高线的精确海拔高度。在一幅墨色层次丰富的水墨画中,墨色越浓说明墨色叠加越多,则等高线越密集,墨色越淡则墨色层次不多,则等高线越稀疏。

转化到植物造景中,等高线密集的地方,表示高大乔木;等高线稀疏的地方,表示低矮灌木或地被植物;等高线间隔均匀,表示坡度均匀一致,说明植物高度过渡均匀,林缘层次丰富;等高线出现陡坡,说明植物层次出现突变,乔木和地被之间没有过渡的小乔、灌木;凸形坡和凹形坡的概念可以理解为林缘线向内或向外不同方向的凹凸变化。以李可染先生的《漓江山水》为例[88],画面的左上部位大约一般的画幅都是着墨较多的,其中还有墨色层次的深浅变化,将其用等高线的原理进行理解,就可以转化为一幅等高线图(图 5-58)。

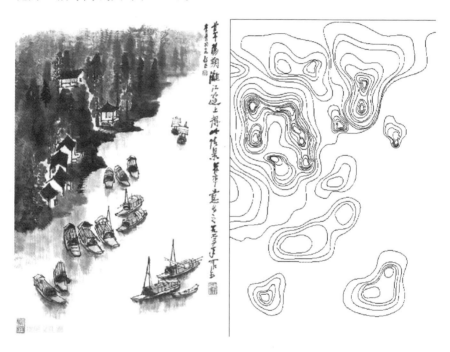

图 5-58　基于等高线原理的墨色理解方法

Fig. 5-58　**The understanding way based on the principle of contour**

### 5.4.2.2　Photoshop 软件的图像栅格处理技术

在通常的应用中,栅格化是指将矢量图形转换成栅格图像的过程,栅格化目前是生成实时三维计算机图形最流行的算法。

本文利用 Photoshop 软件的栅格化功能,将水墨画图像的形象转化为抽象的色块,舍去物象的具体形态。我们要从水墨画图式语言中借鉴的是它的抽象图式语言,因此应该忽略掉其具象图形,以便于更好地学习

图 5-59　图像栅格处理

Fig. 5-59　Image raster processing

它的图式精髓。仍以《漓江山水》为例,将其导入 Photoshop 中,选择滤镜工具中的像素化中的"马赛克",单元格大小设置为 15,由此得到一幅省略了具体形象以及情节的栅格状图形(图 5-59),画面上只剩下明度关系,非常便于观察和进行下一步的处理。

### 5.4.2.3　SketchUp 软件的栅格图像立体化处理技术

将已经转换好的栅格状图像通过 Auto-CAD 转为矢量线图,然后使用草图大师 SketchUp 将其按照墨色阶对应的高度拉升,得出具有立体效果的空间模型(图 5-60),以此帮助理解并实现水墨画图像从"水墨图式—抽象图式—立体模型—植物空间"的过程。具体的拉升高度及过程将在下文中详细阐述。

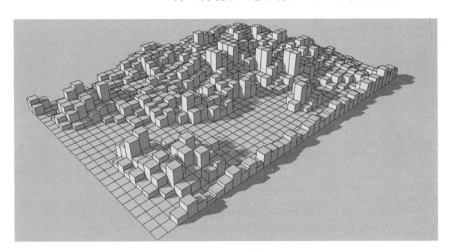

图 5-60　栅格图像立体化处理

Fig. 5-60　Three-dimensional processing of raster images

### 5.4.2.4　AutoCAD 软件的图像采集技术

要将水墨画的图式引入自然式植物造景的实践规划设计工作,面对一幅幅描绘着具体物象的水墨画面,本课题研究的是将其构图、笔墨、空间等语言运用到植物造景中来,因此如何提炼画面抽象的图式语言是项重要的工作。提炼的过程需要思维上的高度概括,视觉上的转化则更加直观和易于理解。运用 AutoCAD 软件技术,对水墨画进行画面图像采集,摈弃具体形式,将画面主要关系抽取出来。《漓江山水》水墨意境浓郁,点线面相结合,小舟为点、题字为线、山石为面,构成感、形式感都很突出,整个构图简洁、对比强烈,充满时代气息。如果将这幅水墨画的图式语言运用到植物造景中,可以找到平面、空间语言对比都很明快的布局语言。运用 AutoCAD 软件将其外轮廓描绘下来,就得到一幅极其抽象、单纯的线描,这幅线面图可以作为植物林缘线来看待,结合由墨色深浅而来的立面层次,这样就可以进行下一步以植物为材料的规划设计了(图 5-61)。

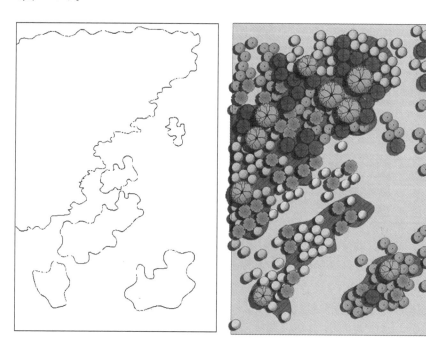

图 5-61 基于图像采集的植物设计图

Fig. 5-61 The plant design plan based on the image acquisition

### 5.4.3 水墨层次与植物立面设计

借用水墨画的墨色层次来达到设计植物立面的目的,关键在于墨色明度和植物高度之间的转换。笔者借鉴孟谢尔色立体的明度理论,尝试将水墨画明度色阶由淡到浓分为 11 个等级,留白为 0,最浓的墨色为 10。同时,将植物按照高度也分为 11 个等级:0~10。0~3 为草坪或地被,甚至为不作任何绿色植物种植的处理,如白沙;4~7 为灌木类型,等级越高灌木越高;7~10 为乔木,等级分类与灌木同理。具体见表 5-1。

表 5-1　水墨层次与植物立面类型对照表
Tab. 5-1　The corresponding table between ink levels and plant elevation type

| 明度阶 | 墨色阶 | PS 色阶 | | | 植物高度 | 植物类型 |
|---|---|---|---|---|---|---|
| | | R | G | B | | |
| 0 | | 255 | 255 | 255 | ≤30 cm | 草坪、地被 |
| 1 | | 229 | 229 | 229 | 30≤60 cm | 地被、小灌木 |
| 2 | | 204 | 204 | 204 | 60≤120 cm | 灌木 |
| 3 | | 179 | 179 | 179 | 120≤200 cm | 灌木、小乔木 |
| 4 | | 154 | 154 | 154 | 200≤400 cm | 小乔木 |
| 5 | | 129 | 129 | 129 | 400≤600 cm | 乔木 |
| 6 | | 104 | 104 | 104 | 600≤1 000 cm | |
| 7 | | 78 | 78 | 78 | 1 000≤1 500 cm | 大乔木 |
| 8 | | 52 | 52 | 52 | 1 500≤2 000 cm | |
| 9 | | 26 | 26 | 26 | 2 000≤3 000 cm | |
| 10 | | 0 | 0 | 0 | >3 000 cm | |

同时借助计算机手段,运用 Photoshop 软件将去色后的水墨画中的墨色进行较为科学的分级。在 Photoshop 软件中,色阶被分为 0~255 共 256 个色阶,其中 255 为白,0 为黑。以明度大小来决定数值,与孟谢尔色立体的明度理论相一致。Photoshop 软件中的白色是 255,而在明度色阶表中白对应着的是 0;Photoshop 软件中的纯黑是 0,而在明度色阶表中纯黑对应着的是 10。如图 5-62 所示,明度阶上的 0~10 色阶,经过 Photoshop 软件的识别,可以和软件中的 RGB 色彩相对应,每两个相邻色阶只表明区间,色阶之间其实还有若干个明度梯度。

自然式植物造景的立面结构设计是指通过合理、有效地组织不同高度和形态的植物种类,在立面上形成丰富有致的林冠线变化。这是对植物空间的垂直限定。在自然式植物造景中常见的层次配置有:乔草、乔灌、灌草、乔灌草以及草坡等。

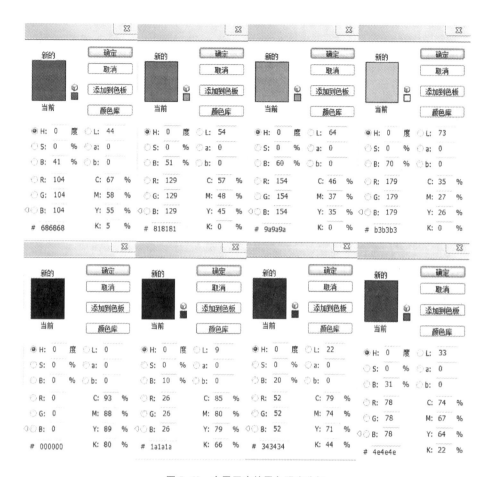

图 5-62　水墨层次的墨色明度分级

Fig. 5-62　The brightness grade level of ink color

本文所阐述的植物立面设计是由水墨层次来决定高度而得出的结果,即由墨色浓淡对应得出植物的高度及厚密度而进行的转换。基于这个原理,根据墨色浓淡对比对植物高差的作用力,也结合植物造景的实际情况,可将植物立面分为:强高差立面设计、中高差立面设计及弱高差立面设计。

（一）强高差立面设计

强高差立面设计指的是植物立面高度跨度较大、立面结构简洁的植物造景,如乔草配置以形成高度对比很强烈的立面效果。一般孤植树、疏林草地景观的立面多为强高差设计,林冠线明快高耸、变化较大。乔草搭配是指乔木、草本之间的搭配。自然式植物造景中比较典型的景观是孤植树和疏林草地,主要景观是由乔木和空旷草地形成的,没有灌木的加入。造景时对乔木树冠形态的要求较高,一般选择伞状树冠、外形观赏价值较高的品种。雪松加草坪是典型的疏林草地种植模式,花港观鱼公园的雪松大草坪正是这种模式的经典运用。

（二）中高差立面设计

中高差立面设计指的是植物高度跨度较缓和、有丰富立面结构的设计,一般来说,乔灌、灌草及乔灌草之间的过渡较为细腻,林冠线较为曲折、缓和。这种植物搭配模式以乔木与灌木为主要组成树种,忽略或者减少地被植物的用量,这同样是构成植物种植空间的一种形式。乔灌草搭配是植物造景中最常用的形式,其由来不光出自对自然植物群落分布的模拟与研究,还在于对植物塑造空间意义的探索。乔灌草分别代表了不同的高度层次:乔木最高,其占据了群落的上层,灌木与亚乔木比乔木低矮,占据了中层,一些地被植物仅有几十厘米的高度,自然处于最底层。乔木由于高度优势,接受光能力比较强,一般是阳性植物;处于群落内部的灌木、地被由于长期得不到充足的光线照射,逐渐发育为耐阴品种,在群落边缘的灌木、地被品种,则保留了喜阳特性。

（三）弱高差立面设计

弱高差立面设计指的是植物高度跨度较小、属于同等高度级别植物配置的立面设计,如密植的乔木树群、成片的花灌木、地被种植的效果。

花卉、地被为乔灌草搭配的最下层,空间较多面状、线状构成元素。地被的空间作用非常大,它属于空间组织中水平限定的要素,具有空间边界的标识作用。在植物种植层次中,地被与花卉同属最下层。花卉由于耐受性较弱,被安排在日照充足的区域,而地被往往在乔灌木大范围遮阴下。地被植物的空间效果取决于种植密度及高度,一般地被植物平均维持在几十厘米的高度,无论对人的路线或视线都不能起到阻挡作用,但地被植物的面积往往较大,形成面状观赏空间,而种植密度越大这种观赏效果越好。

### 5.4.4 从水墨画到植物景观设计图的转换

在前文的基础上,本章节重点研究基于墨色层次的自然式植物景观立面结构。笔者借鉴相关色彩构成理论,运用 AutoCAD、Photoshop、SketchUp 等电脑软件,将墨色的层次与等高线原理联系起来加以考虑,把墨色与植物厚密度进行对应,把水墨画从二维转化成三维的模型,完成从水墨画转换为植物景观立面结构设计图的尝试。这个过程尽管是针对植物立面的建模转化,但事实上同时对平面布局、空间形态各个方面都有一定的体现。

要实现从水墨画到植物景观立面结构设计图的转换,主要要经过以下几个步骤:

(一)运用 Photoshop 软件处理选择好的水墨画,将具象的画面物象处理成栅格状的抽象图形。这样处理的优点有以下几点:首先是舍去了物象的具体形态。水墨画是对自然物象的抽象提炼和概括,本身的确具备一定的抽象性,但是普遍还是有具象的形态的,而我们只是要从水墨画图式语言中学习和借鉴它的构成方式、空间语言,因此,摈弃其具象图形是有必要的。其次是可以更好地展现自然的精髓。自然式植物造景重在自然,形态与空间都应该力求舒展大气、浑然天成,刻板地脱模于任何一种具象图形都是与其本质不符的,因此将水墨画图像抽象化,也是对自然精神的一种尊重。最后是便于下一步的图像处理。经过抽象后的图形舍去了具体形态,只留下抽象的墨格及其墨色层次,语言极其简练,这样的图形进行电脑处理时更加容易识别,将其进行立体处理也更方便。

(二)结合前文的研究基础,将墨色层次分级,在栅格图上进行标注。这一步是将研究过程进行量化,以形成更科学、更有依据的研究成果。这里的量化还是一个模糊概念,尽管经过前面的阐述和研究,水墨画的抽象原则已经证实可以运用在自然式植物造景中,但具体尺度依然是一个不易把握的要素。希望经过栅格处理并分级的水墨图像在植物空间中的运用比较灵活,能扩大运用范围,不受尺度局限。

(三)运用 AutoCAD 软件描出处理后的图像栅格,将栅格化图像转换成矢量图形,这样的处理是为建模导图提供可能。

(四)将绘制好的 AutoCAD 图形导入 SketchUp 界面,使用草图大师软件将平面的 AutoCAD 网格图像转化为立体模型,表达出水墨画的立体意义。拉升每个网格时高度参照在栅格图上标注好的数字。这里的高度概念体现空间尺度及模式,本文中仅表达出各个高度之间的比例,体现模糊概念。在植物造景的具体运用中应该参照具体地块及空间模式意向具体对待。

(五)将立体化的水墨模型转化为自然式植物造景的平面、立面及空间设计图。根据水墨画面及立体模型,运用合适的绘制手段,绘制植物景观平面图和立面图,用 Photoshop 软件制作出植物景观空间鸟瞰图。至此,从水墨画到植物景观设计的全套图纸都已完成,实现了从水墨平面到植物造景立体空间的转化。

笔者从浩瀚的水墨画作中挑选了三幅具有各自不同的平面及空间意义的作品,对它们进行处理和画面转换。这三幅作品分别是:八大山人的《杂画图册》[116]、潘天寿的《映日》[117]、吴昌硕的《依样》[101]。具体的转换、处理及说明见下文。

### 5.4.4.1 《杂画图册》之一——金角银边布局

八大山人本名朱耷,是明末清初画家,绘画以大笔水墨写意著称。创作上取法自然,笔墨简练,独具新意,创造了高旷纵横的风格。他的画风影响了三百年来的大笔写意画派。图 5-63 中的水墨花鸟画是朱耷的作品《杂画图册》之一,画面构图清奇、以形写情、变形取神,着墨简淡、运笔奔放,布局疏朗、意境空旷,充分体现了他"省"的作画主张,画面空间开阔疏朗,别有一番情趣。画面采用了边角构图的形式,以荷花的茎、叶及小鸟、山石将画面半围合成一个较为开阔的空间,选择此画作为范本,以体现水墨画图式语言对自然式植物造景设计的转换,表达以金角银边布局状态营造植物景观的意境。

图 5-63 〔明〕朱耷《杂画图册》
**Fig. 5-63 *Miscellaneous Drawing Book***
图片来源:《中国画构图大全》

图 5-64 单元格设置
**Fig. 5-64 Cell setting**

转换的第一步是将画面进行栅格化处理,也就是在 Photoshop 软件中选择滤镜工具中的像素化中的"马赛克",单元格大小设置为 15 (图 5-64),由此得到一幅省略了具体形象以及情节的栅格状图形,将具

象画面抽象化,经过这样的处理,画
面中的小鸟、荷花等都隐去形态,只
显示出大体轮廓,而各自的墨色呈
现出梯级的层次(图5-65)。在图面
中,上方的墨块色彩最重,按照前文
基于等高线原理的墨色层次理解方
法,这个部位的墨色越浓说明墨色
叠加越多,则等高线越密集,转化到
植物造景中,等高线密集的地方,表
示高大乔木。

图 5-65　将图像栅格化
Fig. 5-65　Image rasterization

　　第二步是依据墨色的明度变化
将每个栅格具体分级,分别标上
0~10的明度级别。因为在水墨画的实际绘制中,画家很少以焦墨作
画,在这幅画中,仅有小鸟的眼睛和嘴用的是焦墨,因此该处墨色等
级最高,标识为9,画面留白处等级最低,标注为0,在画面中即省略不标
(图5-66)。

　　第三步是将荷花小鸟的马赛克画面导入AutoCAD界面之中,将栅
格图形转化成矢量图形,也就是用直线工具把栅格依次描画出来,这样
就得出了排列整齐的若干个方格,每个格子都带有一个自己的墨色标
号(图5-67)。

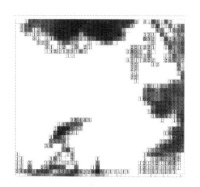

图 5-66　按明度等级标好数字
Fig. 5-66　Mark with numbers

图 5-67　转化为矢量图形
Fig. 5-67　Converted to vector graphics

　　在这幅水墨画中,画面上方的荷叶整体、小鸟的局部用墨较深,而右
侧的荷叶及茎则墨色较淡,因此各个区域呈现出不同的数字阵列。这是

下一步建模的基础。当用明度阶进行标示的时候,上方的墨阶大多数在6～8之间,对照表5-1,正是中、大乔木的规格。其他几个墨色块都浅于这个区域,表明植物配置的高度等级也略低。

第四步是将荷花、小鸟的 AutoCAD 图形导入 SketchUp 界面,依据各自的墨色数列,将矢量网格转化为立体模型,数字标注为9的方格拉升高度最高,数字标注为1的方格拉升高度最低,相邻数字之间成等比例高度关系,得到一个三面较高、呈半围合状态的立体模型(图5-68),这时的模型已经完全看不出荷花和小鸟的形态,只具备空间关系。

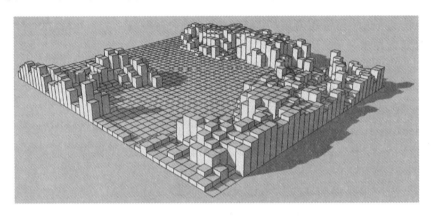

图 5-68　根据墨色明度等级转化的立体模型
Fig. 5-68　Built the 3D model according to the ink brightness level

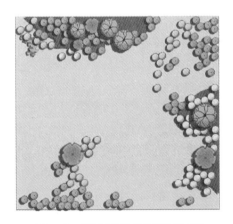

图 5-69　根据模型绘制的植物平面图
Fig. 5-69　Drawn the planting layout by the 3D model

第五步是依照立体模型绘制出自然式植物造景的设计图,包括平面图及鸟瞰效果图(图 5-69、70)。首先依据模型中的柱状物高度比例,选择和确定植物配置的形式。在这幅画所生成的立体模型中,画面上方的荷叶部分因墨色浓、等级高,因此可选择高大乔木群植形式;荷叶边缘为着墨较少、墨色较浅的荷花部分,因此树丛边缘可配置开花灌木或色叶小乔木,拉开与树丛的层次;下方小鸟部分因为区域面积小而墨色层次丰富,配置为一个乔灌草树丛组合,体现层次丰富、种植紧凑、形态色彩俱佳的植物景观组合。右侧则配置一片由3~4种乔木所组成的树林,重点在于形成曲折优美的林缘线,营造丰富多变的空间意境。有了具体的植物配置思路,就可以选择合适的方式绘制平面、立面及鸟瞰效果了。

**图 5-70　根据模型绘制的植物鸟瞰图**
**Fig. 5-70　The planting bird's eye view according to the 3D model**

依据八大山人的《杂画图册》水墨荷花小鸟转换而来的金角银边布局从某种程度上带有围合的意味。在植物造景中,如果场地很大,植物景观的 $H/D$ 之比超过1:4,这种围合可以理解为开敞空间四周的界定;如果场地不大,植物景观的 $H/D$ 之比小于1:2,这种空间就有了封闭的意味,给人的感觉也从开朗舒畅转为宁静、幽闭。

### 5.4.4.2 《映日》——开合呼应布局

潘天寿是现代著名画家和美术教育家,平生积极从事艺术创作和艺术教育工作,在继承和发展我国传统绘画艺术,培养美术人才等方面作出了可贵的贡献。他的画风不仅笔墨苍古、凝练老辣,而且具有摄人心魄的力量感和现代结构美。所画的《映日》是他众多荷花主题画作中的一幅,画面墨彩纵横交错,构图清新苍秀,气势磅礴,趣韵无穷。

该画名为"映日",是写古人"映日荷花别样红"的诗意。画家以小构图布大幅,在宽大的画幅上仅绘一叶丰硕的墨荷和一朵盛开的荷花。全画以骨力、骨气取胜,以书法中的隶书、魏碑笔法写出花蔓、残荷枝条和荷叶的筋脉,笔势苍劲、古拙、生辣、挺拔。选择此《映日》进行本课题的研究,正是基于该画独特的图式语言——和朱耷的荷花小鸟相比,《映日》画面中构图简洁大胆,荷花荷叶相得益彰,浓墨淡墨层次丰富、变化无穷,以墨为主、以色为辅,具有大气磅礴、雄浑奇崛的意境之美。

处理后的栅格图像画面模糊了荷花的具体形态,而墨色层次的强烈对比则更加鲜明突出。画面中出现了三个墨色较浓的区域,这就是植物立面设计中处理的重点,是较为突出的乔灌草种植区域。这三块区域在平面上相互呼应,互有开合,呈现出极其丰富的空间关系。左上角的墨色较浓,是密林、覆盖空间,下方及右下方的两个植物区域相对较远,中间又有墨色较淡的灌木区域相连,植物区域之间的关系有疏有密、有近有远,空间感受灵活多变,引人入胜。

以下为转换的过程(图 5-71):

(一)将《映日》画面进行栅格化处理,画面经过处理后得到一幅省略了荷花、荷叶具体形象的栅格状图形,画面主体只显示出大体轮廓,墨色呈现梯级层次。观察所得到的图面,左上方墨块色彩最重,基于等高线原理的墨色层次理解方法,这个部位表示为高大乔木种植区域。

图 5-71  将《映日》水墨画转化为矢量图形的过程

**Fig. 5-71  The process from wash painting into the vector graphics**

(二)依据表 5-1 墨色阶的区分将每个栅格具体分级,分别标上 0～10 的明度级别。画面左上方浓墨区域墨色等级最高,标识为 7～9 之间,下方和右下方的墨色都略淡于它,墨色阶以 6、7 居多。而画面留白处等级标注为 0,在画面中即省略不标。

(三)将已得到的《映日》栅格图形转化成矢量图形,也就是用 AutoCAD 直线工具把栅格依次描画出来,这样就得出了排列整齐的若干个方格,每个格子都带有一个自己的墨色标号。在这幅水墨画中,画面左上方的荷叶局部用墨较深,而下方、右下方的荷叶则墨色略淡于它,因此各个区域呈现出不同的数字阵列。

(四)将 AutoCAD 图形导入 SketchUp 界面,依据各自的墨色数列,将矢量网格转化为立体模型,数字标注为 9 的方格拉升高度最高,数字标注为 1 的方格拉升高度最低,相邻数字之间成等比例高度关系,得到一个呈开合呼应状态的立体模型(图 5-72),这时的模型已经完全看不出荷花和荷叶的形态,只具备空间关系。

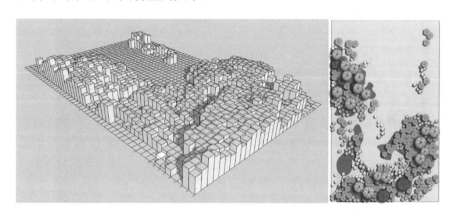

图 5-72　将《映日》水墨画转化为立体模型,然后绘制出植物平面图
Fig. 5-72　Turn the wash painting into the 3D model, then draw the planting layout

(五)依照立体模型绘制出自然式植物造景的设计图,包括平面、立面及鸟瞰效果图(图 5-72、73)。首先依据模型中的柱状物高度比例,选择和确定植物配置的形式,在这幅画所生成的立体模型中,画面左上方选择高大乔木群植形式,其边缘部位着墨较少、墨色较浅,因此树丛边缘配置花灌木;下方和右下方两个墨色依次稍淡的部位呈鞍状关系,配置为一个乔灌草树丛组合,林冠线两头稍高,中间稍低体现。右上侧在原画上是题款和用印,有两种方式安排这一区域:(1)配置一小片由小乔木、花灌木所组成的,层次丰富、种植紧凑、形态色彩俱佳的树丛,这个树丛稍稍远离,重点在于形成对整个空间的平衡,形成开合有致的空间意境;(2)挑选形状、色彩、大小适宜的景石和设计其他适合空间主题的小品,如小雕塑、小景墙等,配合灌木组成一个小品景观,对整个布局形成均衡之势,同时又可以体现植物和其他景观要素的布局平衡。

图 5-73　由《映日》水墨画而来的植物鸟瞰图

**Fig. 5-73　The planting bird's eye view turned by the wash painting**

### 5.4.4.3　《依样》——"S"曲线形布局

晚清画家吴昌硕的《依样》[101]中,由葫芦、南瓜的藤、叶、果在长幅画面上形成一个流畅的"S"形的动态线,避免了构图的刻板,体现了生动的生活情趣。

吴昌硕最擅长写意花卉,受徐渭和八大山人影响最大,由于他书法、篆刻功底深厚,绘画中融入了书法的行笔及篆刻的运刀,常用篆笔写梅兰,狂草作葡萄,形成了富有金石味的独特画风,笔力老辣,力透纸背,气势雄强,布局新颖。构图也吸取书印的章法布白,偏爱"之"字和"女"或对角斜势的构图格局,虚实相生,主体突出[118]。作品色墨并用,浑厚苍劲,再配以画上所题写的真趣盎然的诗文和洒脱不凡的书法,并加盖上古朴的印章,使诗书画印熔为一炉,对于近世花鸟画有很大的影响。《依样》正体现了他对"之"字(即 S 形)构图的偏爱。

将水墨画具体转换成植物景观图的过程和前文的《映日》等画相仿,见图 5-74、75,转换中有这样几个重点及特征需要把握:

(一)从平面布局上看,画面构图呈一条具有一定宽度的流畅的 S 线形,决定了植物种植布局的走势。在布局时可以运用 AutoCAD 软件先将外轮廓描画出来,这就是林缘线。

(二)从处理后的墨色明度栅格图形上观察,该画的明度差异不是很明显,但明度变化相当细腻,这就表明林冠线的变化应当丰富细致。

(三)该画空间关系较为含蓄,没有过于奇崛的空间语言,留白不多,在转换为植物造景时可以预见到景观效果为一片配置丰富的林带,曲折的林缘线使林带外围有数个小场地,视觉效果较为温婉细致。

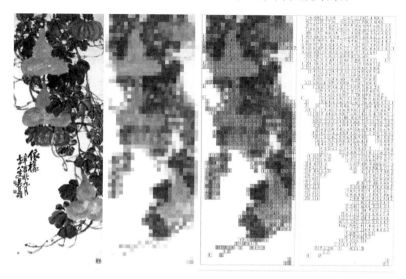

图 5-74　将《依样》水墨画转化为矢量图形的过程

Fig. 5-74　The process from the wash painting into the vector graphics

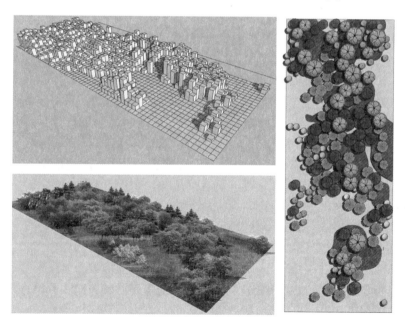

图 5-75　将《依样》水墨画转化为立体模型,然后绘制出植物平面图和鸟瞰图

Fig. 5-75　Turn the ink painting into the 3D model, then draw the planting
layout and the bird's eye view

## 5.5  基于墨与色的植物造景色彩语言研究

植物造景需要对园林植物色彩属性进行了解并掌握,熟悉现代社会下不同人群对色彩的偏爱,依据色彩心理学、色彩构成理论等理论知识,有效组织植物景观的色彩属性。

### 5.5.1  水墨画的墨与色

我国古代把黑、白、玄(偏红的黑)称为"色",把青、黄、赤称为"彩",合称"色彩"。现代色彩学把色彩分为两大类:一是无彩色系,由黑、白以及中间过渡灰色组成;二是有彩色系,以色相、纯度、明度为其三大特征。

水墨画中最为基础的色彩就是黑白两色。在水的作用下,墨色深深浅浅、浓浓淡淡、虚虚实实,在黑与白之间衍生出许许多多种浓淡墨色,也就是灰色层次系列。

在水墨画中,自然界绚烂的色彩经过抽象概括及归纳成为墨色,绘制在纸帛上,产生了黑白两色,介于这两色之间的浓淡干湿,竭尽变化,代替了一切色彩,也就是"墨分五彩"。"白"在水墨美学体系中是一个特殊的概念,因为"白"是可以"留白",既单纯又有无尽的想象空间。而"墨"的干、湿、浓、淡形成的无穷变化,不是简单的视觉色彩分类,而是水墨画家为其赋予了更深的美学意涵和情感,画中物象不受时空约束而摆脱了表象的色彩感知。[119]水墨画受佛、道的影响,追求物我两忘、淡泊宁静的心灵境界,因此会崇尚黑白语言,疏远斑斓的色彩,其实史前、先秦、秦汉、魏晋的绘画作品都是以色彩为主要的造型手段,这一技法在唐代的人物画创作中达到顶峰。水墨画在文人之中盛行之后,色彩体系被保留在民间画工当中,而水墨逐渐一统文人画坛。当年吴道子与李思训同画嘉陵江山水,李思训花费了数月之工,而吴道子只用了一天就画成了,这是一次色彩工笔与水墨写意的比试。唐代以来,水墨画家以"水墨至上",崇尚"墨分五彩"。"彩"的意思是指墨色的不同明度层次,也就是被转化为墨色明度层次之前的色彩层次,类似"去色"的概念。可见,画家的观念上,水墨中仍含有充分的色彩观,从墨色中可以感觉到色的存在。

水墨画中的以水墨黑白语言为主的画面艺术效果,主要是运用了明度对比、面积对比、干湿对比、虚实对比、红色点醒(印章红色)等艺术手法。

（一）明度对比：墨色的黑与白色宣纸的白可以视为明度对比的两极，水分的调节可以形成千变万化的灰色的连续色阶。

（二）面积对比：指不同深浅的墨团块由于面积之不同而对构图产生影响。

（三）干湿对比：指以水分多少、行笔速度、笔锋角度、纸质渗水性等形成干湿变化。

（四）虚实对比：焦墨和重墨是实，清墨和淡墨是虚，虚实对比就是以实衬虚、以虚显实等对比手法。

（五）红色点醒：红色印章面积虽小，在水墨画色彩中常有点睛之妙。

如徐渭的《黄甲图》[120]（图5-76）运用的就是纯水墨中的明度对比、干湿变化以及红色点醒等手法，其中水的运用非常突出，已经到了炉火纯青的地步，墨荷的叶子由深到浅的墨色层次丰富，用墨用水淋漓尽致，是明度对比的例证。同时，墨色的浓淡也较好地表现了远近虚实关系。

水墨画中也有彩色，但必须"色不碍墨"。五代画家董源曾经用花青调入墨中使用，使墨色更加温润平和；晚清的吴昌硕偏爱西洋红，以其鲜艳的色彩入水墨大写意，形成强烈的色彩对比，画面视觉张力极

图 5-76 〔明〕徐渭《黄甲图》
**Fig. 5-76 Yellow Carapace**
图片来源：《中国画构图大全》

强；元代钱选的山水以石青、石绿入水墨画，色彩语言平和宁静。墨色本身就具有丰富的色阶、色度、色相变化，以及色彩的对比、调和，因此在水墨系统中墨与色实际上是统一的。[53]

水墨画中使用的是特有的中国画颜料。颜料里的色彩有自己特定的称谓。如矿物颜料有：朱砂、朱膘、银朱、石青、石绿、石黄、雄黄、赭石、蛤粉、铅粉、泥金、泥银、太白。植物颜料有：藤黄、胭脂、花青、洋红。也有化工颜料：大红、曙红、深红、铬黄、天蓝等。

　　中国画颜料中的朱砂、赭石、石青、石绿、花青等颜料饱和度略低于西画中的同类色彩,易与墨色取得和谐而典雅的效果。水墨画家们在使用颜料时,往往以墨为主,以色为辅,并带有自己独特的色彩语言及技巧。潘天寿的《朝露》[121]就是以墨为主、以色为辅的例子,荷花、荷叶体现了色墨的对比,但因荷叶墨色浓重,面积也较大,在画面中的比重自然就大,花茎与水草也是墨色,荷花的红色仍占辅从地位(图 5-77)。

　　齐白石老人的绘画风格却是另一番风情,齐白石以独特的大写意水墨画风格,开红花墨叶一派,以其纯朴的民间艺术风格与传统的文人画风相融合,达到了中国现代花鸟题材水墨画最高峰。图 5-78《和平》一画中,以大面积的红色与重墨搭配,色彩艳而不火,清新而浓郁[122]。

图 5-77　潘天寿《朝露》　　　　　　　图 5-78　齐白石《和平》
Fig. 5-77　*Morning Dew*　　　　　　Fig. 5-78　*Peace*

图片来源:《中国画构图大全》

### 5.5.2　植物色彩的产生、构建与作用

### 5.5.2.1　植物色彩的产生

　　植物的色彩是自然景观中重要的景观特征,其中包括三个方面的含义:

　　(一)植物的常态色彩,也就是植物在季节变化中呈现时间较长的绿色;

　　(二)植物季相颜色的变化,包括植物叶色随季节、温度变化以及植物开花后的颜色变化的特点;

（三）植物造景时人为进行的色彩搭配，目的是营造一定主题氛围的色彩空间与景观效果[123]。

植物的颜色，是由植物的不同部位反射可见光进入人眼形成色觉而产生的。地球上大部分植物的叶片都被人眼识别为绿色，这是因为叶绿素 a 对绿光吸收的较少，所以我们看到的植物基本都是绿色的。而植物其他部位诸如花朵、干皮、树枝等的颜色都是由于对不同波长光的反射造成的，此外形成五彩缤纷的园林植物色彩美的还有一个重要因子就是色彩的混合。

色彩混合分为加色混合与减色混合，色光的三原色是红、绿、蓝，颜料的三原色是红、黄、蓝。色光混合变亮，是加色混合。颜料混合变暗，是减色混合。加色混合效果是由人的视觉器官来完成的，因此是视觉混合。图 5-79 画面中的花瓶和白玫瑰都由一个个小色块组成，通过视觉的混合，色彩的饱和度没有变低，依然是鲜艳欲滴的鲜花。植物在自然界中受到自然光的照射，色

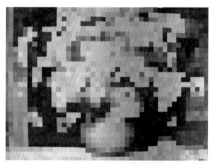

图 5-79　色彩混合
Fig. 5-79　Color mixing

彩混合由视觉完成，属于加色混合类型。所以在植物造景中可以运用色彩混合的原理，使植物色彩在不同距离观赏时产生不同效果。

植物景观的效果是通过植物形态、植物布局形式、植物色彩共同完成的，内容和形式即植物的主题与植物景观效果二者的统一是造景成功的条件，不同的植物景观主题要通过不同的形态、色彩、布局使之统一，否则就不调和了。其中色彩是体现植物景观主题的重要内容，色彩的感情、色彩的功能、色彩的对比与调和等诸多方面都是植物造景时需要考虑的重要方面。

### 5.5.2.2　植物色彩的构建

植物的色彩是自然景观中最重要的视觉特征。不同的植物具备不同的色彩特点，同一种植物在不同季节也会呈现出不同的色彩特性。

植物色彩除了保持时间较长的常态色彩，也包括随着季节转换而发生的季相变化，这种季相变化包括植物开花后整株植物色彩变化，也包括植物叶色随季节、温度改变而产生的变化。对植物色彩的充分认知意义

甚大,在植物规划设计时进行色彩的搭配,可以营造更佳的色彩空间与景观效果。

(一)植物叶色的认知

植物的叶子最常见的颜色是绿色,且国际照明委员会经过测试发现,人眼对绿色的相对视敏度最高,所以植物的绿色是最容易辨认且面积最大的颜色。在现代的植物培育技术影响下有的叶色呈金黄色如金枝槐、金叶女贞,有的叶色呈现暗红紫色如紫叶李,还有的呈现彩色。

温带地区的植物叶色经过季节转换,会产生有规律的色彩变化,这也是植物令人着迷之处,它们的色彩呈现动态变化的美。初春有些植物如栾树叶色偏黄,秋季有些植物叶色呈现出灿烂的黄色如银杏、白蜡,或呈红色,如五角枫、黄栌。在植物造景时有意地选择叶色变化明显的植物材料,可以达到良好的色彩效果[124](图5-80)。

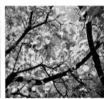

图5-80 植物叶色的认知
Fig. 5-80 Awareness of plant leaf color

(二)植物花色的认知

如果仅有植物叶片的绿色,自然界会显得有些单调,五彩斑斓的花色正弥补了这一点。花色包括开花乔木和开花灌木的花朵色彩,也包括各种草本花卉的色彩。乔、灌、草不同的花卉形式相互配合,结合绿色的基底植物背景,塑造了各种各样的植物空间(图5-81)。

图5-81 植物花色的认知
Fig. 5-81 Awareness of plant flower color

（三）果实与干皮的色彩认知

观果植物也可以提供良好的色彩原料；植物干皮的颜色同样丰富多彩。有常见的深褐色，也有幼年树木呈现出的青色，特殊的红色干皮如红瑞木、白色干皮如白皮松等（图 5-82）。

图 5-82 植物干皮的认知

Fig. 5-82 Awareness of plant trunk color

### 5.5.2.3 植物色彩的作用

一个优秀的景观设计师通过对植物景观色彩的合理运用可以使观赏者对环境产生一定的情感关注。植物色彩的作用具体体现在以下几个方面：

（一）传递信息

植物色彩可以向观赏者传递多方面的信息，对环境的品格产生总体印象。如在陵园常用松柏等植物，凝重的绿色传递出对逝者的敬重与肃穆之情；节日中使用五彩缤纷的花卉，传递节日或盛会等的欢欣、热闹的气氛；同时传达季节更迭之美。早春枝翠叶绿，仲春百花争艳，仲夏叶绿荫浓，深秋枫丹如血、秋菊硕果，寒冬苍松红梅，展现出植物景观色彩四季多变的美丽图画。

（二）引导视线

植物景观色彩可以对视觉进行吸引及诱导。色彩的强对比最先被人眼认知，植物造景时常常运用这一特点，有意地对色彩进行组织，对景观视线加以引导，将游赏者视线吸引到要重点表达的物体上。

（三）改变心境

通过植物色彩的运用来改变人们对空间的心理感受。如在基色为绿色的大面积草坪上用色彩丰富的大色块花坛来烘托出明快的气氛；或在封闭空间内，以淡雅色调的花境给人宁静幽深的心境[123]；或在色彩较深的乔木林下空间布置色彩绚丽的亮色花丛，形成对比，给人清晰、明朗的心理感受。

### 5.5.3　基于水墨画墨与色的植物造景色彩语言

水墨画中,黑、白、灰之间的对比是单纯的明度变化,而其他均为以色彩的色相、明度、饱和度对比为主的构成,包括同色相、不同色相的协调与对比。植物的色彩是形成整体景观效果的重要因子,自然界中的植物色彩是按照"相似色"为基础的原则进行组合的。换句话说,绿色是自然界中出现最多的色彩,花卉为自然景观中增添了色彩变化,但是统一在绿色的基调之中。这与水墨画的色彩构成语言极为类似——水墨画以墨色为基础,在深深浅浅的墨色基调加以色彩的变化。这为从水墨画的色彩语言中寻找自然式植物造景色彩配置方案提供了基础,将水墨画色彩构成规律运用到自然式植物造景的植物色彩规划设计中。

主要包括以下几种类型:基于明度变化的植物造景色彩语言、基于饱和度变化的植物造景色彩语言、基于色相变化的植物造景色彩语言、基于面积变化的植物造景色彩语言等等。

#### 5.5.3.1　基于色相的植物配置语言

色相即色彩的相貌,是色彩间相互区别的最本质特征。如赤、橙、黄、

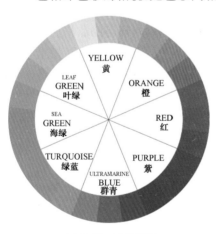

图 5-83　24 色相环
Fig. 5-83　24 colors wheel

绿、青、蓝、紫等。色彩的色相分为同色、类似色、邻色、补色、对比色等。在色彩配置时需要注意色彩间的协调性。色相环(图 5-83)上的颜色对比作用随着距离、角度增加而增加,180°对应的两种颜色对比最为强烈。色相统一则变化较少,艺术效果趋于宁静、平和,适合漫步观赏;色相相对则对比强烈,跳跃、热情,适合心情欢快条件下游赏;在这两者之间的属于过渡区域,需要根据不同艺术效果的表达来配色。

(一)同类色配置:同类色是指色相距离在色相环大于 10°、小于 30°的对比,这类色相对比,比较单纯、柔和、协调,色相倾向鲜明、统一,注重色相的微妙变化。其表现在植物色彩上即多数植物的绿色。同类色协调统一,植物造景时通过不同植物绿色明度的差别进行搭配,同样可以塑造丰富的色彩。

（二）类似色配置：色相距离在色相环30°以上、小于90°的对比；比同类色相的对比略活泼一些。这一区间中的颜色属于统一的色相范畴，但有不同的颜色倾向，它们属于弱对比色。

如绿黄相配，绿蓝相配，赤与黄橙相配（图5-84），其特点是能产生宁静、清新的感觉，在配色中选择这一区间的颜色一般不会出现大的失误，也是运用比较多的配色方法。

图5-84　基于色相变化的植物配置语言
Fig. 5-84　Plant design language based on the color change

（三）对比色配置：色相距离在色相环90°以上、小于120°左右的对比，一般称为对比色相对比；对比色相对比，要比邻近色相对比鲜明、强烈、饱满、丰富，容易使人兴奋激动。对比色之间有明显差异，但还是可调和，属色相的强对比。

（四）互补色配置：对比色色相距离在色相环155°至180°左右的对比；更完整，丰富、强烈，更富有刺激性。对比色之间对比强烈，视觉冲击力最大。如红色与绿色；黄色与紫色；蓝色与橙色。在植物造景中红色配绿色是比较典型的配色习惯，如"万绿丛中一点红"，指的就是这种配色效果。紫色配黄绿也是常见的配色方案，比如紫叶色系植物配黄杨、金叶女贞。这种配色能对二者都起到突出作用，增强植物观赏性。

基于色相变化的配置方法是植物景观人工配色的重要方法。植物造景需要利用植物色彩的色相对比、明度对比、饱和度对比来营造出反映不同色彩信息的植物景观。图5-85为杭州太子湾公园景观整治方案中入口景观提升效果对比图片，上图是现状照片，场地上的植物色彩以同类色即绿色系配置为主，尽管整齐统一，但缺乏活力。下图是整治效果图，通过在乐昌含笑障景林前增加不同色彩的植物如枫香、樱花、红枫，使公园的季节变化在入口即得以体现，增加入口空间的热烈气氛，从而提升该景观空间的品质与魅力。

图 5-85  太子湾公园入口的植物色彩设计
Fig. 5-85  The plant color design of entrance in the Prince Bay Park
图片来源:杭州市园林设计院股份有限公司

### 5.5.3.2  基于明度变化的植物配置语言

明度指色彩的明亮程度,明度高则色彩明快、轻盈;明度低则深沉、凝重;明度居中显得朴素、庄重。因明度差别而形成的色彩对比,称为明度对比。

不同植物的叶色明度不同,同一株植物的叶色明度在四季中也会有规律地变化着,早春明度较高,晚春至初秋明度降低。秋天一到,落叶乔木叶色变黄、明度升高,与叶色明度较低的常绿树配置可以形成明度对比;明度低的植物可以给一些色彩明度高的花卉、构筑物等充当背景。图5-86是太子湾逍遥坡的景观整治效果对比图片。上图为现状照片,远处以水杉、香樟、黄山栗为主的杂木林与远山构成了一道美丽的天际线,近处逍遥坡草坪以无患子为背景,形成一片开阔疏朗的空间,尽管整体效果不错,但色彩稍显单一,绿色主调也明快不足、深沉有余,与婚礼主题的草坪空间不太相符。下图是景观提升效果图,在杂木林和无患子的边缘种植了疏密有致的一排樱花,增加了空间层次,明度也大大提高,草坪的浪漫气息得以体现。

图 5-86　太子湾逍遥坡的植物色彩设计
Fig. 5-86　The plant color design of Happy Slope in the Prince Bay Park
图片来源:杭州市园林设计院股份有限公司

### 5.5.3.3　基于饱和度变化的植物配置语言

　　饱和度同样是衡量色彩的一项重要指标。饱和度又称纯度,就是色彩的鲜艳程度,从黑白色到浓郁的彩色就是饱和度变化的区间。在色彩配置时因鲜艳度差别而形成的色彩对比称为饱和度对比。高饱和度色彩饱和、鲜艳夺目,色彩效果肯定,具有强烈、华丽、鲜明、个性化的特点,但不易久视,否则造成视觉疲惫。中饱和度温和柔软,典雅含蓄,含有亲和力,具有调和、稳重、浑厚的视觉效果。低饱和度含蓄,薄暮感,色彩朦胧,具有神秘感。中、低饱和度容易控制,与高饱和度色彩易于统一。所以在植物景观配色中,一般不会因为饱和度运用不当而引起视觉不适,首先因为植物色彩不是颜料,自然界中没有饱和度过高的植物品种;其次是因为即使有纯度偏高的花色,也都会有纯度较低的枝干、绿叶加以调和,所以一般不会造成植物色彩饱和过度的现象。

　　色彩在植物造景中起着非常重要的作用,在某些情况下甚至超过了形貌的效果,甚至在一定程度上可以改变事物的整体印象。以四川著名的九寨沟为例,九寨沟山美、水美、树也美,然而给人影响最深的却是其斑斓缤纷的色彩。再如红叶,红叶自古受到人们的赞赏,其实有些红叶树本身谈不上很美,但当满山一片火红的时候,人们从整体上感受到了生命的蓬勃活力,而并不拘泥于其个体的形象[125]。植物不同于硬质景观,它是有生命力的景物。植物随着自身的生长经历着由小到大的生长发育过程,其间的枝干、花朵、果实偶会发生色彩变化,同时季节的更替又形成了"春花""夏绿""秋色""冬姿"的四季景象,丰富的色彩变化更是为人们喜爱和欣赏。深浅不同的绿色植物配置在一起表现了和谐的美,使人感到优雅宁静;具有对比关系的色彩配合使人感到热情欢快。掌握色彩配置要领,才能发挥出植物造景色彩语言的最大魅力[126]。

## 5.6 基于诗情画意的自然式植物造景意境研究

### 5.6.1 意境是绘画和园林的共同追求

意境是中国诗画的灵魂,因此人们常以"诗情画意"来代指意境。苏轼评王维的诗画时说:"观摩诘之画,画中有诗;味摩诘之诗,诗中有画。"其体现了诗画意境的重要。诗画"意境"的营造是实像与虚像的矛盾统一,水墨画家在进行创作时运用"留白""计白当黑""知白守黑"等虚实相生原则,画面上既有实境又有虚境,造成一种虚中有实、实中有虚、虚实相生的奇妙境界,使画面意蕴深长、观者浮想联翩。清初画家笪重光在《画筌》里对此有所描述:"空本难图,实景清而空景现。神无可绘,真境逼而神境生……虚实相生,无画处皆成妙境。"水墨画用笔用墨变化无穷,运用的构图语言清奇独特,使画面有藏有露、有隐有显、虚虚实实、真真假假,充满朦胧之美——这正是意境之所在。如马远的《寒江独钓》[127]的整个画面只有老翁和孤舟,其余全是空白,但空白之处使人感到江水宽泛,天高地远(图5-87)。这幅画的意境与柳宗元的"孤舟蓑笠翁,独钓寒江雪"相当一致,都表现了旷远广漠的意境。还有王希孟的《千里江山图》、梁楷的《李白行吟图》、徐渭的《青藤书屋图》、齐白石的《虾》都运用了虚实相生的手法营造意境,在充分展现中国艺术家们对意境美重视的同时也表达了他们对人

图5-87 〔宋〕马远的《寒江独钓》
Fig. 5-87 *Fishing alone on the Cold River*
图片来源:《中国画构图法则》

生深刻的体悟[128]。

自然式植物造景通过借鉴水墨画的形式和内涵,同样可以达到对景观空间意境的追求。自然式植物造景毕竟不同于野生的植物群落,它在为游人提供游憩空间、观赏环境的同时,更是一门传情达意的时空综合艺术。意境的创造使植物景观具有灵动的生气,让游赏者在植物景观空间中可以睹物会意、触景生情,从而在有限的空间环境中体验无限丰富的意趣[129]。

意境一说最早可以追溯到佛经。佛家认为:"能知是智,所知是境,智来冥境,得玄即真。"意思是说人可以凭借智能去感悟佛家最高的境界。宋代苏轼首先在诗词中提出诗中意境学说。与此同时,意境引入绘画,渐渐成为水墨画家营造画面的最高目标,通过绘画性的笔触、墨色得以实现。近代王国维在《人间词话》认为:"境非独谓景物也,喜怒哀乐亦人心中之一境界。故能写真景物、真感情者,谓之有境界,否则谓之无境界。"经过王国维的解释之后,意境更加明确地成为衡量文学艺术作品的标准。

不管是纯粹的视觉艺术,还是目的性很强的功能性设计,元素的运用和形式在某种程度上只是一种载体,如何通过表层的可视的东西来表达出内在的韵味和意境,才是一门高深的学问。在水墨画中意境是灵魂,借助于图式得以展现,在园林造景中也是如此。如何借助载体而达到园林的意境美感,如何使游赏者睹物会意,触景生情,在有限的空间环境中感受无限丰富的意趣,是所有造园者的追求。正是意境的创造使园林有了灵魂,充满了灵动的生气[130]。

植物景观的意境是借助植物造景方法和手段所达到的一种意蕴和境界,是园林艺术形象和审美主体的情感相融而产生的艺术情趣和艺术联想的总和。孙筱祥先生把中国文人山水园的立意创作分为生境、画境和意境三种境界,后一种境界相继为前一种境界的逐次深化和提高。自然式植物造景也可适用于这三个层次,生境是自然式植物造景的第一个层次,即在造景的过程中能满足植物的生长习性;第二个层次是画境,即在造景的过程中考虑其平面及空间布局的形式感、艺术性,满足审美的需求;而意境则是第三个层次,是在生境、画境的基础之上,表达出丰富的艺术触动和情感共鸣[131]。

本书研究的是借鉴中国水墨画的图式语言,将其运用到植物造景中来,在水墨画中各种图式语言都可以被视为是对其意境追求的载体。同理,意境的营造也应该是植物造景的最高境界。只有营造出符合生态及审美要求,并具有一定意境内涵的植物空间,才能成为人们所接受和喜爱的环境。脱离意境的植物空间,犹如一个失去灵魂的空间,它成不了城市的魅力空间。因此,对植物景观意境的追求也应该是造园者们的设计目标之一。

### 5.6.2　植物景观意境语言的构建

植物景观意境不光与植物自身的形态、色彩、气味等因素有关,还取决于文化传统、风俗习惯及观赏者的文化水平、审美情趣。

#### 5.6.2.1　植物自身的情感语言

情感语言是人对景观信息处理后所获得的抽象内容,是基于景观客体的主观心理反应。情感语言是沟通人与景观之间情感的无声语言,将人从客观世界引入美好的心灵境界——意境。不同的植物往往带有特定的情感语言,这是由于其自身的物理属性或其他文化、民俗等原因慢慢形成的,对植物景观意境的形成和营造起了决定性的作用。

植物都蕴涵着自己的情感语言,它们的色、形、叶、香等物理属性在特定的场合经过艺术的种植都能散发出一定的情感语言,激发观赏者的联想,反映出场所的精神内容和性格。植物情感语言体现在以下几个方面:

(一)植物的形貌　其包括枝叶花等细部形貌、植物个体形貌及植物群体形貌,不同的形貌能产生不同的视觉效果。植物的形貌有其自己的情感语言,在进行造景时应充分了解植物的个体形貌情感语言以及组合后的群体特征的情感语言,使之能正确传达要表达的意境主题内容。

(二)植物的色彩　色彩是园林植物氛围和意境的骨干,不同的植物色彩具有不同的情感表现,例如红色意为欢乐、热情、活力;橙色意为明亮、华丽、高贵、庄严;黄色给人以温和、光明、快活之感;绿色给人以青春、朝气、兴旺之感;紫色则给人以华贵、典雅、幽雅或忧郁之感。[132] 不过植物的色彩语言不是恒定的,不同的国家和地区对色彩的认知很可能有天壤之别。如红色在中国是热烈、欢快、喜庆的色彩,而在一水之隔的日本,红色则是不祥的色彩。

(三)线条　线条主要包括林冠线、林缘线、异质体的界面线、植物种植的走势等。一般来说,直线给人以单调、硬实而整齐之感,而曲线则给人以活泼、自然而多变之感。自然生长的植物个体很少有直线形的树冠或树干,群体的林冠线、林缘线也不会出现几何状的形态,因此,在自然式植物造景中直线和几何曲线的运用较少,自然式曲线运用较多。

（四）质地　不同的结构给人以不同的质感。如:枝叶稀疏、色彩素淡明亮的植物产生轻柔的质感,令人轻松愉悦,而色彩浓重灰暗、枝叶茂密的植物则产生厚重的质感,使人感觉凝重;由叶子大、厚、多毛的树木构成的植物群落显得粗糙厚重,而由叶子小、薄、光洁的树木构成的植物群落则显得细腻轻盈[133]。营造植物意境就是通过植物的情感语言来传情达意,因此应该充分把握好植物的情感语言,将其恰当地运用到植物主题当中,创造艺术的最高境界——意境。

### 5.6.2.2　传统文化属性的影响

由于受到文学、绘画、诗歌等影响,中国古典园林艺术注重诗情画意,文人经常赋予植物某种情感色彩,以此抒发情怀并进行意境创作。因此在我国古代,植物具有一定的文化意味。一般说来,植物的文化意味也是在植物本身特点的基础上被升华而成的,与植物本身的形貌、色彩有着密切的联系,但是毕竟是上升到了精神的境界,因此把传统文化的影响和植物自身的情感语言区别开来进行阐述还是必要的[134]。

中国很多古代诗词歌赋及民间习俗中赋予了植物人格化魅力。如竹子,因其有潇洒、清秀的姿态和"未出土时先有节,纵凌云处总虚心"等文化象征而深受人们喜欢,被赋予刚正不阿、虚心、有气节的文化内涵。不同种类的竹子会有不同的涵义,比如孝顺竹颂扬的是传统的孝道,而斑竹令人想起凄婉的爱情故事等等;松、柏类植物因为四季常青被人们赋予了长寿、永年的涵义,而它们苍劲古朴的形态又常常被人用来比拟人的坚贞不屈的意志;腊梅因为傲雪怒放、不畏严寒,常常被喻作刚毅的性格;松、竹、梅被称为"岁寒三友",象征着坚贞和气节,代表着高尚的品质;梅、兰、竹、菊被喻为四君子;玉兰、海棠、牡丹、桂花喻示长寿富贵;等等。不仅中国如此,其他许多国家也有其特定的植物传统文化,如加拿大的糖槭树象征着祖国大地,人们将树叶图案绘在国旗上。

从某种程度上说,传统文化为植物带来的人格特点及情感语言在我们心中已经形成了固定的语言模式,在植物造景时要充分考虑植物被赋予的传统文化属性,使人们能充分感受到植物造景所蕴涵的传统文化内涵。

### 5.6.2.3　现代文化属性的影响

植物意境的现代文化属性与传统文化属性没有绝对的划分标准,只是相对于时代进步和植物文化发展的先后次序而言的,在内容上也具有一定的内在联系,是既对立又统一的关系。也就是说,植物意境的现代文化属性是在继承传统文化的基础上随着时代的进步而不断发展和变化的。

和传统的植物文化相比,在新的时代背景下,植物景观对人的心理所产生的影响发生了很多变化,因此植物的情感语言会随着时代的发展而转变。如白杨,在旧时代让人产生"萧萧愁煞人"的感觉,但在现代却有"远方鼓瑟""万籁有声"的感觉,变得生机勃勃、富有激情。白杨过去是种植在墓地旁,现在成为城市公共空间的优良绿化树种。又如梅花,过去常常让人联想到"病梅",受文人"疏影横斜"的影响而带有孤芳自赏的病态美情调,而现在被新时代的人们赋予了"待到山花烂漫时,她在丛中笑"的积极意义。人们对植物景观的认知和感悟会随着植物文化的变化产生更具时代特色的变化,进而使植物的情感语言展现出更加生动和富有感情的文化内涵[134]。

### 5.6.2.4 地域文化属性的影响

运用地域特色植物也是营造植物造景意境的常用手法。自然地域分布的不同植物经过长期的文化积淀,会形成具有一定地域文化属性的乡土植物,这些植物往往与当地的经济、文化、历史有着密切的联系,甚至代表了这个地域的性格。现在绝大多数城市都确立了市树、市花植物,这说明人们已经将最具典型性的地域植物作为其城市的象征之一,因此地域特色植物在展现城市地方特色的同时,也让城市居民有城市归属感、维护感和荣誉感,会激发人们热爱家乡、热爱生活的热情。比如杭州的市树、市花为香樟和桂花,因此它们在城市形象窗口的重要地段占有了很大的比重,使城市重要节点的植物造景充分展示了城市的地方特色。

选用地域特色植物营造植物意境时,要充分调查城市的乡土植物的品种、生态习性及乡土文化属性,人们对市花、市树及地域植物的认知有着怎样的特殊感情,在此基础上,再通过适当的造景手法,让植物展示自己独特的地域文化语言。

地域文化、传统或现代文化赋予植物丰富的文化属性。充分挖掘植物的各种文化属性、激发游人联想是植物意境营造的常见手法。这些手法是相互联系的,没有明显的界限。因为植物所被赋予的文化属性往往也来自植物的各种物理属性,在人们的头脑中形成了一种相对稳定的情感语言。尊重植物的文化、物理属性,使植物景观蕴涵一定的意境,这样的植物景观才是唯美的、有意义的。

# 5.7 本章小结

本文在分析水墨画图式语言和自然式植物造景的历史渊源及相关研究理论及技术基础上,总结了基于水墨画图式语言的自然式植物造景形式原则,并从水墨画图式语言的具体形式入手,提出了自然式植物造景理论与方法体系,详细探讨了自然式植物造景的形式语言,具体内容包括:

(一)基于水墨画的宏观图式语言,提出自然式植物造景的形式原则为:置陈布势、宾主相辅、疏密得当、开合收放、以虚衬实、均衡统一。

(二)借鉴水墨画的构图语言,提出自然式植物造景的主要平面布局形态为:基于井字四位法的焦点式布局、基于无中心(多中心)构图的散点式布局、基于"S"律动的曲线形布局、基于边角构图的"金角银边"布局、基于满构图的密植布局、基于环形构图的围合布局等等,以及基于题款用印的植物与其他景观元素的布局平衡。

(三)将水墨画极其简练的黑白空间语言引入自然式植物造景,提出植物空间的主要形态为:基于"白"的植物开敞空间、基于"黑"的密林及覆盖空间、基于"开"的半开敞空间以及基于"合"的封闭、半封闭空间。

(四)借助地形等高线原理和图像栅格化等处理技术,将水墨画的墨色层次与植物造景的立面结构进行比较研究,尝试将水墨画卷转化为一幅幅植物景观设计图,使借鉴水墨画图式语言的构想成为现实。

(五)从水墨画的墨与色彩的运用中,找出可被自然式植物造景借鉴的色彩语言,提出基于色相变化、明度变化以及饱和度变化的配置方法。

(六)基于水墨画诗情画意的表达,总结出适用于新时代植物造景的意境语言由四个方面组成:传统、现代及地域文化属性的影响以及植物自身的情感语言。

# 6 经典案例研究——以杭州花港观鱼公园为例

花港观鱼公园的植物景观是中国目前最有代表性的自然式植物造景案例之一,是中国古典园林与现代园林景观有机结合的杰出代表,经过长期的建设和发展,花港观鱼公园的总体规划布局、空间结构语言、植物群落配置都有着独特的个性,体现出浓郁的自然风情。本章从花港观鱼公园总体规划布局、具体的植物平面、立面及空间设计几个方面进行系统分析,以此验证本课题前期的相关研究结论。

## 6.1 公园概况

图 6-1 杭州花港观鱼公园区位图
Fig. 6-1 The location map of the Viewing Fish at Flower Pond
图片来源:作者整理

"花港观鱼"是著名的西湖十景之一。花港观鱼公园位于杭州西湖西南角,是西湖南片的中心景区,它背靠花家山,三面临水,融进西湖。地形顺山势渐趋平缓,在与湖水汇合之处形成许多港湾湖汊,地形地貌极富特色,有山体缓坡,有溪涧潺流,有滨湖港湾,为公园的总体布局和植物造景提供了很好的基础(图 6-1)。

历史上的花港观鱼公园颇有来历,前身是南宋内侍官卢允生的私家花园,园内种有奇花异草,有观鱼之景,并有一条清澈的溪水流经此处注入西湖,故名为"花港观鱼"。宋朝灭亡后,卢园也日渐荒芜,直到清康熙年间才得以重建。康熙到此游览时,亲笔题写了"花港观鱼"四个字,乾隆皇帝的"花家山下流花港,花着鱼身鱼嗫花。最是春光萃西子,底须秋水悟《南华》"的诗句更是点出了它在西湖乃至江南的特殊地位[135]。

现在的花港观鱼公园是由我国当代著名的造园学家孙筱祥先生设计的。建园前夕,现场仅残留一方鱼池、一座碑亭和三亩荒园。规划后的公园布局充分利用了原有的自然条件,恢复和发展了历史景观,形成了主题特色鲜明的"花""港""鱼"的景区。公园总占地面积为 18.03 $hm^2$,其中水面为 3.3 $hm^2$,占总用地的18.3%。公园的规划设计充分继承和发展了我国古典园林的理法精髓,是"古为今用"的典型。花港观鱼公园依山傍水,具有造园的各种有利因素,全园地势由西北向东南倾斜,地形自然起伏富有变化,有山丘、平地、水塘、沼泽、港湾和湖泊等,故总体规划布局充分利用自然地理特点,因高就低、顺其自然,并糅合丰富的历史文化元素,创造了园林之美(图 6-2)。

图 6-2　杭州花港观鱼公园航拍图
Fig. 6-2　The aerial map of the Viewing Fish at Flower Pond

图片来源:杭州市规划局

## 6.2　植物造景总体特色

花港观鱼公园的魅力除了湖光山色的自然因子之外,另一个引人入胜之处就是它的植物景观。花港观鱼公园的植物造景充分结合自然地理位置、地形特点以及现代城市公园的功能要求,在规划布局、植物群落的营造以及种植的形式与功能等方面都作了极有创新的探索,在地方特色的创造和传统园林的继承与发展上也有独到的见解。

花港观鱼公园的规划充分体现了以自然式植物造景为主的思想,全园观赏植物共采用二百余树种,在体现地域特色的同时又考虑到人文的因素,以常绿乔木为骨架,以传统名花牡丹、海棠、樱花为主调,景色层次分明,季相变化丰富多彩。

花港观鱼公园植物景观能够引人入胜的原因主要在于设计和建设的过程中自始至终以当地自然群落的规律为指导,充分运用丰富多彩的乡土植物资源,且乔木、灌木、草本地被等各层植物均成片栽植,气势很大,符合了园林中"没有量就没有美"的规律,并以植物结合地形来分隔空间,运用各种种植手法和形式使园林景色更趋自然,营造出立意恰当、意境深远、疏密相间、曲折有致、高低错落、色调相宜的植物景观空间。

## 6.3　花港观鱼公园植物景观平面布局分析

花港观鱼公园总体布局合理,植物景观类型多样而统一。公园综合了草地、孤植树、树丛、树群、风景林等多种种植形式,汇聚了陆地、湿地和水生等多种植物群落,把全园分成大草坪、红鱼池、牡丹园、丛林、花港和疏林草地等景区。从花港观鱼公园的整体规划角度来看,红鱼池是公园的平面构图中心,以突出"鱼"的景观重要性;以牡丹园作为立面构图重点,以加强"花"这一主题对全园的控制。花港观鱼公园的植物造景的平面布局紧密结合公园的主题,以丰富的植物景观平面烘托出全园的氛围,体现了自然式植物造景的魅力。

### 6.3.1　平面构成要素

花港观鱼公园的自然式植物造景平面构成要素主要有"点""线""面"等植物要素。"点"状要素即作为主景的孤植树或树丛,"线"状要素即呈带状分布的林带,一般用来组织空间,而"面"状要素则指背景林或面积较大的树群、风景林。其对应的具体形式大体可以分为以下几种:"点"状要素即孤植树、树丛、疏林草地,"面"状要素即树群、密林、空旷草地,"线"状要素即林带、行道树等。孤植树、树丛、树群以观赏为主,一般布置在空旷草地或疏林草地上,密林、林带主要用作组织空间、防护或背景作用,以此与开敞的草坪、疏林草地形成对比。

### 6.3.2　平面构图语言

根据前文总结出的基于水墨画的一系列植物平面构图形式,结合花港观鱼公园植物造景的特点,经过仔细的对比与分析,发现花港观鱼公园植物景观的平面形式灵活多样,几乎囊括了焦点式植物布局、散点式植物布局、"S"形植物布局、"金角银边"植物布局、面状布局、围合布局、呼应布局、综合布局等形式,同时植物景观与其他景观要素协调统一,相辅相成。

如"藏山阁"草坪的平面布局就是一个典型的焦点式植物布局

（图 6-3）。"藏山阁"及其植物组合是草坪的视觉焦点，对整个构图起着重要的中心作用，控制了整个草坪平面布局。焦点式植物布局是在植物景观平面构图中具有明显的视觉焦点以控制整个区域的布局方式。这里所说的焦点一般位于大平面的构图中心而不是绝对中心。焦点式植物布局可以是孤植树，也可以是树丛或植物组合。该景点在道路和周边植物的围合下，形成了一个近似长方形的场地，布置了一组以植物为主的景观。植物组合位于三等分纵横线的交叉点，切合了"井"字的布局，距离每条边界的长度都是不相等的。亭子所面向的草坪面积较大，视线较为开阔舒缓，不光满足了构图的需要，对游人的心理感受也做了一定的考虑。主景与周围的开阔草地对比鲜明，简洁、明快、实用。

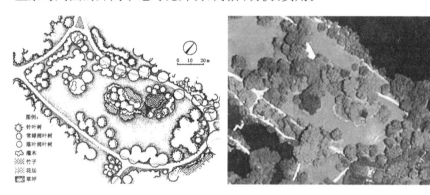

图 6-3 藏山阁草坪的平面图及航拍图
Fig. 6-3 The layout and aerial map of the Cangshange lawn
图片来源：杭州市规划局

而雪松大草坪上以雪松为背景的樱花景观则体现了"S"形植物布局。在雪松大草坪的西侧，植有 8 棵樱花，其后侧为 12 棵高大的雪松，该组植物结构简单、层次分明，在平面上都呈自然曲线形分布。雪松深绿色的颜色为盛开的樱花提供了极佳的背景，微微呈"S"状自然种植的单排樱花恰似一片浮云，蔚为壮观（图 6-4）。樱花的高度约为雪松高度的 1/3，立面层次清晰，樱花间距 5～8 m，为现有平均冠幅的 1 倍以上，三三两两的组合彼此呼应，体现了视觉上的连续性，并预留了较大的生长空间。在平面上还可以发现，8 株樱花的疏密变化与 12 株雪松的组合颇为类似，中间紧，两头松，模拟自然界从密林至林缘的生长模式，产生了自然的景观效果，并以类似的组合方式使两种植物具有内在的联系，共同构成整体[136]。

**图6-4 雪松大草坪的平面图及实景照片**

**Fig. 6-4 The layout and photograph of the cedars lawn**

　　"金角银边"植物布局中比较典型的是茶室前草坪。该案例位于花港观鱼公园茶室前,最初设计时间是1965年3月(图6-5左),设计的初步思路为疏林草地景区,原始设计图上可以看到草坪空间上疏密有致的植物呈散点式布局,疏林的意味很明显。在后来的建设过程中渐渐形成了现在的边角构图。由于这块场地四周环水、交通复杂,多条景区的主干道都在这块场地上交会,所以道路交叉口的处理成为该草坪空间的精彩之处。正是由于需要考虑各个路口对这块场地的视线及引导,因此植物采取了多个树丛围合、具有主导性的集中空间,空间开口较多,最终形成了"金角银边"植物布局。图6-5右图是该空间的航片,从中可以清晰地看到边角部位的处理相当用心。图6-6是实景照片,基于平面布局的空间效果也十分丰富,开合有致,几棵孤植树景观效果宜人,视线引导作用十分显著。

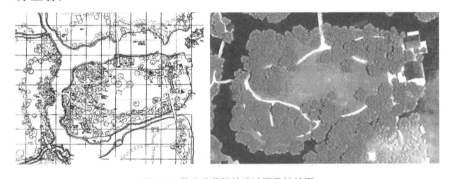

**图6-5 茶室前草坪的设计图及航拍图**

**Fig. 6-5 The design layout and aerial map of the tearoom lawn**

图片来源:杭州市园林设计院股份有限公司、杭州市规划局

图 6-6　茶室前草坪的实景照片

Fig. 6-6　**The photograph of the tearoom lawn**

　　其他几种布局形式如散点式植物布局、面状布局、围合布局、呼应布局、综合布局等在花港观鱼公园中都有体现。如雪松大草坪和藏山阁草坪都属于环形构图的围合布局,内部又有焦点式布局的运用;公园西部和西南部地块属较大面积的满构图密植布局,雪松大草坪和红鱼池之间的分割林带也是密植布局;小块面积的密植在公园的很多地方也有表现;"S"线形布局主要体现在林缘线上,比如南入口大草坪上的植物种植就呈现出两道"S"形曲线,牡丹园的平面上也有体现;茶室旁的草坪是边角构图的金角银边布局,这在上文中已经分析过;合欢-悬铃木草坪属于体现呼应关系的平面布局,具体分布见图 6-7。

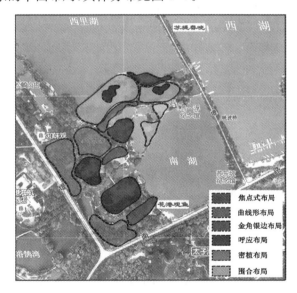

扫码可见彩图

图 6-7　花港观鱼公园平面布局分析图

Fig. 6-7　**The layout analysis diagram of the Viewing Fish at Flower Pond**

# 6.4　花港观鱼公园植物景观空间分析

花港观鱼公园巧妙地结合用地条件和周围环境,将植物、建筑、道路、水体等综合考虑组成空间,空间关系开合有致、收放自如、虚实相间、聚散有变。其自然式植物造景模拟自然群落、遵循自然生态规律,采用中国古典园林中最常用的景观空间营造手法——小中见大,运用疏密有致的空间对比手法,形成或开敞、或幽闭的空间氛围,使面积有限的公园成为步移景异、丰富多彩的绿色空间。

## 6.4.1　空间尺度分析

花港观鱼公园的植物空间体验有三个基于不同尺度的层次。

第一个层次是在全园尺度上,不同的景区运用不同的植物营造手法,构成了一系列既有联系又相互独立的空间,以疏密、高低、厚薄、形状和尺度不同的植物总体印象形成公园不同的骨架与主体,使几个大的景区有了宏观上的空间区别。如从苏堤大门入园,道路两侧以无患子、枫香、玉兰等大乔木为主,重阳木、桂花及草花列植为辅,入口对景为雪松树丛,中层配植槭树、红枫,植物景观层次错落有致,空间感受热烈浓重,体现出热情洋溢的入口气氛;继续前行却峰回路转,眼前出现的是藏山阁大草坪、雪松大草坪,空间感受转为舒缓、开敞;红鱼池和雪松大草坪之间以密植的林带进行分隔,空间截然不同;再向西行,便是仿效中国画意的牡丹园以及自然幽深的新花港区。游人在这一系列的空间变化中,体会到热烈亲切、开敞明快、古意盎然和宁静蜿蜒等不同的心理体验。

第二个层次是在中观尺度上,植物空间在道路、水体等自然围合下,呈现出不同的布局、尺度、朝向等空间特点,形成一个个各具特色的植物空间,如大家耳熟能详的"合欢-悬铃木"草坪空间、"牡丹园"植物空间、"雪松大草坪"空间等等。

第三个层次是微观尺度上的,配置过程中对各种植物的大小、色彩、位置都经过了精心设计,对景观效果以及人性化观景条件都加以考量。如牡丹园的设计中,一方面将牡丹花按小块进行栽植以体现品种分类和便于观赏,其尺度接近传统园林的花台;另一方面,设计中抬高牡丹园地形并降低园路,以便和周边的大空间取得合适的比例关系。经过细致的处理,牡丹园远看一气呵成、浑然一体,近看却变化无穷、丰富精致。

### 6.4.2 空间类型分析

花港观鱼公园的空间形态丰富多变,"黑""白""开""合"四种类型一应俱全。"白"空间即植物开敞空间,视线开阔,令人精神愉悦开朗,如雪松大草坪。雪松大草坪设计意图为开朗辽阔的青少年活动场地,北面西里湖的透视景深有 2 500 m,东北可眺望苏堤,其他几个角度也都有景可借,因此空间极为开敞,视线通达,空间已经延续到数千米之外。"开"空间即植物半开敞空间,有开有合、欲扬先抑,如南门草坪植物空间。"合"空间即植物封闭及半封闭空间,营造私密、半私密安静空间。半封闭植物空间在花港观鱼公园中使用最多,通过地形和植物将空间的两面或三面封闭,形成了具有明确范围的植物空间。这种空间的内聚性使在空间内孤植或丛植的树丛成了视觉的焦点。同时这种空间又具有明确的方向性,使园内的植物空间与外部的西湖的景观产生联系,相互依赖。四面围合的封闭植物空间在花港观鱼公园中也经常使用,这种植物空间内向、安静,界定了明确而完整的空间范围,为游人安静休息提供了良好的场所。如蒋庄庭园空间安逸宁静,小巧舒适,草坪周围乔灌木配植,从立面上划分了植物空间。"黑"空间即密林覆盖空间,郁郁葱葱,提供林下活动或形成活动空间的背景。

在花港观鱼公园中,园林植物所构成的空间在尺度上也具有变化(图6-8)。空间不同的水平尺度与垂直限定因素形成了花港观鱼公园不同的空间比例关系。其中"白"空间的 $H/D$ 比值为>1:4,给人辽阔开敞的感觉;"开"空间的 $H/D$ 比值为 1:2~1:4,具有舒适的空间感受;"合"空间的 $H/D$ 比值为<1:2,具有紧密的空间关系;"黑"空间则绿荫如盖,为满构图形成的密植空间。

在空间的构成中,往往有将两种或两种以上的空间同时运用的情况,如雪松大草坪北面沿湖空旷线太长,为了打破过分的开朗性,将全园最大的建筑翠雨厅布置在临湖水边,作为这一个延续空间的主景。从整体而言,大草坪是一个大开敞空间,除北面开朗以外,其余三面,均以土丘及常绿密闭的林带与公园其他部分分隔起来。园路两旁选种鸢尾、葱兰、韭兰等地被植物以形成高低错落、色彩丰富的花径或花境,与周围景物相协调。为了打破大草坪内部空间的单调,在草坪中央,又布置了一个桂花群环抱而成的闭合空间,最终大草坪的长与宽和四周树高之比为 4:1~5:1,这种比例使空间效果更合理。这种空间构成手法虚中有实、实中有

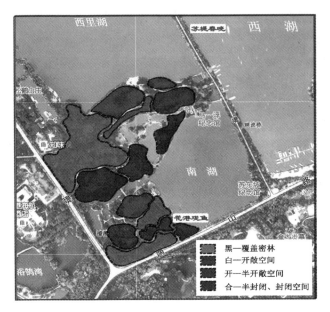

扫码可见彩图

图 6-8 花港观鱼公园空间形态分析图

Fig. 6-8 The space analysis diagram of the Viewing Fish at Flower Pond

虚、有开有合,"白"空间、"黑"空间、"开"空间、"合"空间并置,构成了空间的多重性。

## 6.5 花港观鱼公园植物群落立面结构分析

自然式植物造景仅仅考虑审美效果和文化内涵是不够的,景观效果的长期持续还必须充分考虑到植物群落生理规律的科学性,即合理的群落结构、良好的种间关系和适生的植物品种选择等三个方面。在花港观鱼公园中,配置科学合理的植物群落其立面结构往往也是层次丰富、视觉效果良好的,这也从一定程度上体现了源于自然高于自然的原则,从这个角度上说,美学和生态学是统一的。

花港观鱼公园的植物景观在这方面考虑得很细致,植物群落充分考虑植物群落的视觉层次关系及生理结构关系,二者达到高度的耦合。如藏山阁景点的植物群落层次鲜明(图 6-9),乔灌草层次细腻丰富。群落的上层和骨架由广玉兰、二乔玉兰构成;鸡爪槭、红枫、绣线菊、海棠、棣棠、迎春等观花和观叶的小乔或灌木种植在群落的外缘,而耐阴的植物如茶花、构骨、冬青、腊梅、刚竹等种植在林下、林中或群落的北侧;紫薇则种植在群落的南侧以满足它喜光的要求,形成丰富的立面结构。这些植物在花期和果期上大多错开,如二乔玉兰3月开花,广玉兰5~6月开花,花期避让,四季有景。这个群落种间关系良好,层次分明,色彩丰富,观花、观叶、观果兼具,是花港观鱼公园内一个具有代表性的景点[137]。

图6-9　藏山阁景点的植物群落
Fig. 6-9　The plant community of
Cangshange scenic spot

图6-10　牡丹园景点的植物群落
Fig. 6-10　The plant community of Peony
Garden scenic spot

　　另一个立面结构、群落关系以及视觉效果都很突出的配置案例是牡丹园(图6-10)。牡丹园的植物景观除了满足植物生态学的需求,在美学原则的运用方面也非常到位。由于牡丹是喜欢温和凉爽的温带树种,畏惧夏季强光直射。因此花港观鱼公园牡丹园的西侧种植了合欢、香樟、麻栎、白玉兰等高大乔木以避免夏日西晒,园内种植了鸡爪槭、白皮松等疏枝树种,遮挡部分强光。除牡丹外还种植了芍药、杜鹃、迎春、红枫、紫玉兰、海棠、常春藤等花木以延长牡丹园的观赏期。整个牡丹园的立面结构过渡细致,从高大的乔木到小乔、灌木,群落关系稳定,观赏效果极佳[137]。

## 6.6　花港观鱼公园植物景观的季相分析

　　植物景观是一直处于变化中的景观,形貌色彩由于季节的更替、时间的发展发生许多变化,这些变化对环境景观效果、观赏者的心境产生影响,对观赏者产生巨大的吸引力。现代植物造景中讲究"春花、夏叶、秋实、冬干",也就是重视植物季相变化而进行的植物配置手法。宋代欧阳修诗曰:"深红浅白宜相间,先后仍须次第栽。我欲四时携酒赏,莫教一日不花开。""红白相间""次第花开"反映的也正是植物花卉的季相差异。

　　花港观鱼公园的植物造景非常注重季相的变化,春夏秋冬四季景观差异显著。以花木及秋色叶树种来说,春天有樱花、海棠、碧桃、梅花、杜鹃、牡丹、芍药等不同花期的品种,各种色彩的花卉在其他植物背景的映衬下分外妖娆;夏日有广玉兰、紫薇、荷花等,展现着夏日风情;秋季有桂花、鸡爪槭、水杉、银杏等,色彩斑斓,令人心旷神怡;寒冬有腊梅、山茶、南天竺等,再加上常绿树种,冬季景观依然令人陶醉。花港观鱼公园各种花木共达二百余种一万余株,构成了一幅四季景观长卷。如牡丹园西南侧的合欢-悬铃木草坪植物空间中,5株合欢树和9株悬铃木在平面呈对应布局模式,合欢是主景,地形有所抬高,悬铃木背后有一片柏木林,空间的北部为各色春花灌木,而南部种植着樱花,合欢树的西侧则是一片三角枫树林。春天,南部的樱花和北部的春花灌木遥相开放;夏天,四周一片碧绿的大背景,合欢树此时成为实至名归的主景,红花绿树格外鲜艳夺目;秋天,三角枫林的红叶和悬铃木的黄叶在东西两侧遥相辉映;冬季,在青翠的柏木林背景映衬下,落叶后的合欢和悬铃木显露出枝条,尤其是斑驳的悬铃木树干,成为另一种风情,不显凋零。这个空间的季相在精心设计下呈现出丰富优美的效果(图6-11)。

图6-11　花港观鱼公园的植物季相景观
Fig. 6-11　The plants seasonal landscape in the Viewing Fish at Flower Pond

# 6.7　花港观鱼公园植物景观意境分析

　　花港观鱼公园的植物造景充分尊重植物生态习性和观赏者的审美要求,可以说是中国新时期风景园林植物造景的典范。其植物造景充分汲取古典园林的植物配置精髓,也吸收了西方植物造景的空间原则,既有民族特色而又有新时代特点,对植物意境的追求也到达了一个新的高度,营造了一片具有新时期意境美的风景地。花港观鱼公园的植物景观意境美体现在以下几个方面:

(一)充分尊重植物的自然形貌及色彩,配置中发挥植物自身的情感语言特色,设计手法自然,不露斧凿痕迹,每一株植物都能优美地展示自身的魅力。

(二)传承传统文化属性在植物造景中的运用,讲究古典园林的诗意、内涵及韵味,如岁寒三友——松、竹、梅,玉堂富贵——玉兰、海棠、牡丹、桂花,松风高洁——松树、枫树等在不同的区域都有使用。

(三)吸收西方及现代植物文化的空间语言,将其转化为自己的意境语言,如大面积草坪的设计就是其中的一种手法。

(四)尊重地域文化、体现历史内涵。花港观鱼公园的植物尽可能地使用当地树种,并且注重保留原有的古树名木。如枫杨、香樟、朴树、杨树、枫香、悬铃木等,有的已高达数十米,这些已经成为主景树种之外的骨干树种,点破原有林冠线,丰富了植物的立面景观,同时,古木苍苍,花港观鱼公园悠久的历史文化内涵也有所体现。

## 6.8　本章小结

杭州的花港观鱼公园是杭州园林中久负盛名的园林胜地,以植物造景闻名天下。植物规划布局采用自然式手法,植物品种以常绿乔木为主,季相变化丰富多彩,景观层次分明,是我国园林的代表作之一,在植物布局及空间形态上都别具匠心,是中国古典园林与现代园林景观有机结合的杰出代表。

本文从全新的角度重新审视自然式植物景观形式特征,以花港观鱼公园自然式植物景观为实例,论述了水墨画图式语言和自然式植物造景之间的关系,综合运用了比较分析、归纳总结、案例分析等研究方法,以水墨画、设计图纸、实地考察的图片以及卫星影像为研究基础材料,找出它们之间的耦合关系,从更高的层面认识和审视自然式植物造景的形式结构,研究基于水墨画图式语言的自然式植物造景研究的科学性和可行性。

认真研究花港观鱼公园的植物造景,发现其平面布局吻合水墨画的构图语言,其主要平面布局形态有:焦点式布局、散点式布局、"S"曲线形布局、"金角银边"布局、密植布局、围合布局等等。植物空间的主要形态有:基于"白"的植物开敞空间、基于"黑"的密林及覆盖空间、基于"开"的半开敞空间以及基于"合"的封闭、半封闭空间。这与本文前期的阶段性结论不谋而合,充分验证了水墨画图式语言在自然式植物造景实践中是有重要的借鉴意义的,园林前辈们有意无意中早已将其运用于植物造景的设计和建设,现将其系统地加以阐述是有充分的依据的。

# 7 实践运用研究——以盐城经济开发区中心公园为例

盐城经济开发区中心公园是南京林业大学风景园林学院的规划实践项目,公园已经于 2008 年施工建成。笔者参与了该公园的规划设计工作。目前,公园状况良好,是开发区一块面积较大的绿地,对改善经济开发区的生态环境、培育新兴开发区的文化氛围、营造开发区汽车工业人文环境起到了很大的作用。

## 7.1 项目概况

### 7.1.1 项目背景

#### 7.1.1.1 城市自然及人文条件

盐城市地处苏北黄海之滨,东临黄海,西部与泰州市、扬州市、淮安市相连,北与连云港市毗邻,南与南通市接壤。盐城古代以盛产"淮盐"而享誉华夏,古称"淮夷地",历经了两千年的历史沉淀,处处散发着浓郁的海盐文化。盐城是淮剧的发源地,素有"淮剧之乡""现代戏之乡"的美称。盐城也是全国三个半杂技故乡之一,历史上名人和名胜古迹较多。

盐城市位于亚热带季风型气候区,四季分明,光照充足,生态旅游资源独具特色,不仅有丰富的人文景点,而且拥有太平洋西海岸、亚洲大陆边缘最大的海岸型湿地,有世界上第一个野生麋鹿保护区和国家级珍禽自然保护区。

#### 7.1.1.2 区位分析

盐城市地处江苏沿海中部,为江苏省沿海中心城市。改革开放以来,经济、社会事业和城市建设都有了较快的发展,特别是盐城经济开发区东区东风悦达起亚汽车总厂的开工建设,为盐城带来了飞速发展的良好机遇(图 7-1)。

为了进一步推进城市化进程,加快河东区的建设步伐,塑造具有特色

图 7-1　盐城经济开发区中心公园区位图
Fig. 7-1　The location map of the Central Park
of Economic Development Zone in Yancheng
图片来源:南京林业大学风景园林学院

的盐城新区的城市形象,希望通过对盐城经济开发区河东区中心公园的开发建设,促进整个开发区的开发建设。

### 7.1.1.3　场地现状分析

本方案规划位于盐城经济开发区河东区内,用地面积约为 14.44 hm²。德新河贯穿其中,另有多条农用灌溉沟渠纵横其中。东临黄山路,西接泰山路,南面为开发大道——贯穿市区、盐都新区、盐城经济开发区的主干道,北面与纬一路相邻(图 7-2)。北侧为行政办公用地,其余三面为商住用地,都处在下一步开发建设中。基地内有以灌溉为主的德新河由西向东,水面连续,水系

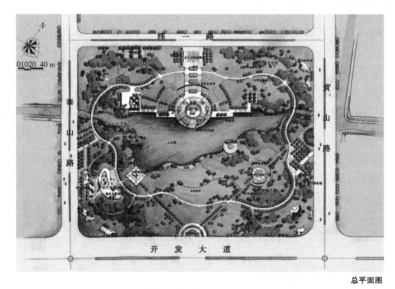

图 7-2　盐城经济开发区中心公园总平面图
Fig. 7-2　The plane of the Central Park of Economic Development Zone in Yancheng
图片来源:南京林业大学风景园林学院

通畅,但河面较窄。周边用地地势较为平坦,平均海拔(黄海高程)2.2 m左右,没有明显的地形变化。基地内用地性质较为简单,现分布有农田用地及少量农民宅基地,基地内土壤肥沃,利于生态绿化建设。本场地内视野开阔,地势平坦,有利于运用植物、水体、建筑等多种元素塑造丰富景观。

### 7.1.2 项目总体规划概述

#### 7.1.2.1 规划理念

(一)文化内涵的创新(文化理念)——规划中以汽车工业文化作为本地区新的文化起点,运用现代的景观设计手法,突出体现了浓郁的人文气息与文化氛围。

(二)以人为本的凸现(人本理念)——本中心公园适量的娱乐功能与汽车文化相辅相成,通过特有的符号、休闲、游赏式的活动场地的设置,为市民提供真正健康、生态的绿色开放空间与场所。

(三)人与自然的共生(生态理念)——突出人本情怀,尊重自然生态。借自然之物,仿自然之形,引自然之象,循自然之理,传自然之神。充分发挥自然生物的生态效应与美化环境的社会效应,遵循天人合一的原则,进行空间环境的再创造,达到人与自然的共生。

(四)科技生态循环(科技理念)——规划中贯穿现代科技理念,在景观设计、水系处理的方面,尝试使用新技术、新材料、新工艺,使耗能最小化,重视可再生能源的利用和能源的高效使用。

#### 7.1.2.2 规划原则

(一)充分体现盐城经济开发区东区的起亚汽车文化特色,以汽车文化为载体,创造具现代气息的时代公园。

(二)融合周边环境,创造特色鲜明、分区合理的功能布局结构。

(三)把积极的公众的使用组织进开放空间里,为整个开发区带来活力。

(四)根据分区塑造特色,在视觉上保持一定程度的连贯性。

(五)因地制宜,处理好水、绿之间的关系。

#### 7.1.2.3 规划定位

系统定位:本中心公园位于盐城经济技术开发区河东区,是盐城绿地系统的重要组成部分,也是盐城经济技术开发区河东区的景观之核心。本中心公园的建设既有利于盐城城市绿地系统的形成与完善,又利于盐城滨海城市风貌的体现(图 7-3)。

项目定位:与盐城经济开发区功能相结合,以汽车文化为特色,集功能性、知识性、休闲性、趣味性于一体的综合性公园。

功能定位:中心公园是盐城经济开发区河东区重要的中心绿地,为市民提供了休闲、游憩的活动场所。

图 7-3　盐城经济开发区中心公园总鸟瞰图
Fig. 7-3　The bird's eye view drawing of the Central Park of Economic Development Zone in Yancheng

图片来源:南京林业大学风景园林学院

### 7.1.2.4　总体构思

在规划设计中,以汽车文化为要素,力求创造优美、生态、富有文化内涵与时代特征的主题鲜明的现代城市的绿色开放空间。具体表现在:

(一)特色鲜明、分区合理的功能布局结构;

(二)营造亲切宜人、凸现人文关怀的景观空间氛围;

(三)健康生态、充满活力的环境氛围;

(四)顺畅自然、便捷高效的道路交通系统。

### 7.1.2.5　规划结构

规划采用"一核四区"的空间结构(图 7-4)。

一核:中心车事广场及人工湖景观核。

四区:车情区、车乐区、车艺区、休闲活动区。

扫码可见彩图

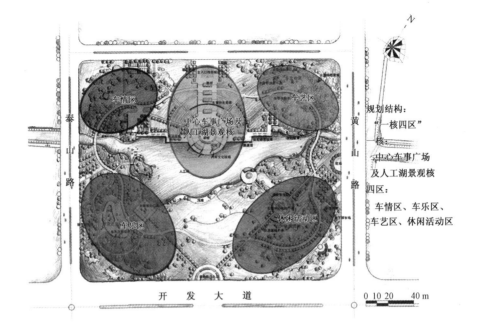

图 7-4  盐城经济开发区中心公园规划结构图

Fig. 7-4  The planning structure drawing of the Central Park of Economic
Development Zone in Yancheng

图片来源:南京林业大学风景园林学院

（一）车情区:为游人提供最新有关汽车的信息,为爱车之人提供寄托喜爱之情的场所等。主要为汽车模型的买卖、提供汽车的相关信息以及车市的最新行情,表达对车的喜爱之情,设置小卖、景墙等。

（二）车乐区:是全园的娱乐中心,主要服务对象为儿童。园内设置以汽车零部件为主题的儿童活动器械,平面采用类似汽车方向盘的构图,活泼生动。通过车的零部件营造全园娱乐中心,体现有趣、有意义的汽车娱乐文化。

（三）车艺区:通过汽车各零部件的抽象化以及组合,给人以视觉上的冲击,从而更加了解和热爱汽车文化。通过零部件的抽象化以及组合展现汽车文化,主要有:钢丝塑成的汽车轮廓形的雕塑、车轮、车灯、油箱、排气筒、方向盘以及车轴雕塑等小品。

（四）休闲活动区:通过中心石景广场、花架廊架、茶室等元素营造休闲活动空间,满足人们在公园中休闲活动的需要,设置了四处主要景点和

学合理,植物材料适地易活,投资小、见效快、效果持久,建成后绿化养护快捷方便,造价低廉。

（五）季相性原则:植物景观营造时要充分考虑植物的季节变化,植物在不同的季节体现出来的美感也不尽相同,体现出"春的生机、夏的繁茂、秋的成熟、冬的静谧"的季相效果[139]。

## 7.2.1.2 形式原则

（一）置陈布势,布置均衡统一的总体植物格局,突出空间的对比关系。植物造景总体布局很重要,设计的第一步就要进行全盘考虑,结合总体规划中的功能分区,把握好植物大空间关系。

（二）平面布局中考虑开合收放、宾主关系、疏密关系。平面布局中参考水墨画图式语言及前文研究结论,将主次关系、开合关系、疏密关系、虚实关系等范畴引入其中(图7-5)。

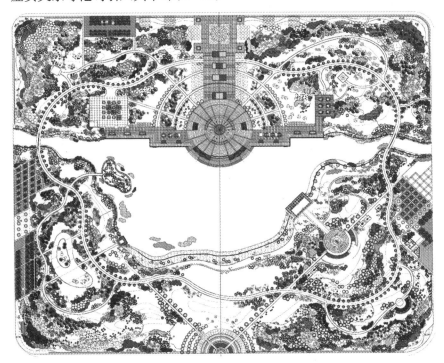

**图 7-5　盐城经济开发区中心公园植物平面图**
**Fig. 7-5　The planting layout of the Central Park of Economic Development**
**Zone in Yancheng**

图片来源:南京林业大学风景园林学院

（三）立面丰富美观，结构层次清晰。结合自然式群落配置的需求，参考水墨画的墨色层次原理，设计植物立面。

（四）植物色彩运用。借鉴水墨画的色彩规律，将色彩语言运用到植物景观中，分别考虑基于色相、明度变化、饱和度变化的植物色彩配置方式。

（五）营造现代植物景观意境。中心公园是一个以汽车为主题的、现代气息浓郁的公园，应凸显植物景观积极向上、生机勃勃的情感语言，营造一个时代感强、地域文化特色显著的植物意境[140]。

### 7.2.2 植物平面布局形式

根据前文的研究得知，水墨画的一些构图法则，对植物种植的平面布局是有指导及借鉴作用的。因此在本方案中也引入了水墨画图式语言。不过，植物的平面布局设计毕竟不同于水墨画，地形地块不可能像水墨画幅那样规则，因此更重要的是学习水墨画构图中的形式原则，将其精髓灵活运用到植物造景中来，形成适合本身特点的一些规律。

借鉴水墨画图式语言及前文研究结论，结合盐城经济开发区中心公园的具体情况，在方案中运用以下几种平面布局形式：

（一）焦点式布局　焦点式布局多位于植物围合下的开敞空间，有孤植树形式，也有树丛的形式。

（二）散点式布局　结合草地和乔木的散点式种植，营造疏林草地空间。散点式布局的重点在于种植点的疏密关系要得当。

（三）"S"曲线形布局　曲线形布局有两方面的涵义：一方面是指受曲线形道路或水面的影响，植物种植走势呈 S 曲线状；另一方面是为了营造曲折有致的林缘线和空间感受，将植物林带设计成曲线形。

（四）"金角银边"布局　植物偏于空间的边、角进行配置，体现出一定的平面布局及空间的关系，可以形成空间边缘的界定、制造小空间的背景、引导视线等等。

（五）密植面状布局　在公园靠近围墙的区域，形成几个密植布局，一来成为公园内部景观的大背景；二来和外界隔开，阻隔城市噪声、尾气等不利因素，形成一个新的生态小环境；此外还在空间布局上和开敞空间形成对比。

（六）围合布局　以环状林带围合而成，基于不同的场地面积和 $H/D$ 之比，形成开敞空间或封闭、半封闭空间。

（七）呼应布局 在小场地的具体配置里常用呼应格局，以形成不同植物群组在体量、形态、色彩等方面的对比，对比中要考虑主次关系，处理好主景和配景的关系。

此外还根据水墨画构图的特殊平衡形式——题款用印形式，提出植物与其他景观要素要均衡统一。具体的平面布局分布见图7-6。

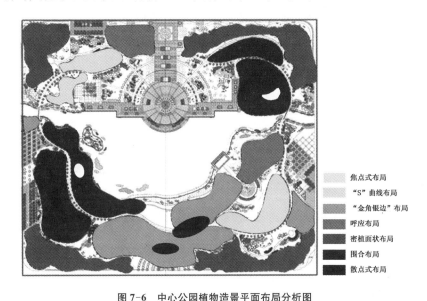

图 7-6 中心公园植物造景平面布局分析图

Fig. 7-6 The layout analysis diagram of plant landscape of the Central Park

### 7.2.3 植物空间形态

按照一般的研究顺序，植物造景理论上应该按照从平面、立面再到空间的顺序进行阐述，体现由平面到立体的过程。其实在实际的设计过程中，应该先把握大的势，确定好大的空间关系，然后再细化到设计图的程度如平面图、立面图等。在盐城经济开发区中心公园的植物设计中，空间形态与场地、公园主题息息相关。总体来说，公园的植物空间呈大围合态势，以香樟、银杏、雪松等高大乔木结合灌木密植在公园内部的四角及围墙沿线，用来降低外界对公园的影响，形成一个独立的系统；公园内部有水面，为突出水的景观效果，靠近水面的地块设计为开敞的植物空间，以草坪、地被为主，局部设计为疏林，或为引导视线，在节点部位设计树丛；其余的小场地或开或合，为半开敞、半封闭或封闭空间。按照前文的研究成果,密植空间对应的是"黑";草坪开敞空间对应的是"白";半开敞植物空间对应的是"开";而半封闭、封闭空间对应的是"合"。具体的空间形态布局见图7-7。

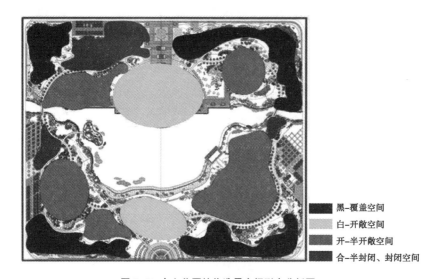

黑-覆盖空间
白-开敞空间
开-半开敞空间
合-半封闭、封闭空间

图7-7 中心公园植物造景空间形态分析图
Fig. 7-7 The form analysis diagram of plant landscape of the Central Park

### 7.2.4 植物品种选择与立面结构设计

一般来说,植物品种的选择和植物景观的立面结构、群落关系有着直接的关系。在本方案的植物选择上,充分考虑乔、灌、草品种是否齐全,结合不同的配置形式,形成层次丰富、结构稳定的植物群落,并营造美观、简洁大气的植物景观空间[141]。

选择的具体植物品种有:

(一)乔木类:香樟、雪松、女贞、广玉兰、银杏、栾树、黄连木、黄金槐、垂柳、合欢、鹅掌楸、朴树、水杉、榉树等;

(二)小乔木、大灌木类:鸡爪槭、紫叶李、樱花、桂花、紫薇、腊梅、木槿、垂丝海棠、夹竹桃、木芙蓉、法国冬青等;

(三)球类:红叶石楠球、海桐球、金边黄杨球、枸骨球、无刺枸骨球、金叶女贞球、红花继木球等;

(四)低矮灌木:扶芳藤、花叶常春藤、花叶常春蔓、迎春、云南黄馨、金钟花、美国金钟连翘、红叶石楠、金丝桃、绣线菊、伞房决明、紫穗槐、锦

鸡儿、菲白竹、铺地竹、铺地柏、丝兰等;

(五)爬藤植物:藤本月季、爬山虎、美国地锦等;

(六)地被或草坪:白三叶、矮生百慕大＋黑麦草组合、大花金鸡菊、二月兰、美人蕉、马棘、小冠花、麦冬等。

根据已经确定好的空间形态、平面布局,结合公园的功能需求,运用选择好的植物品种进行配置设计。结构类型有乔灌草、乔草、灌草、草坪等几种类型。位于公园四角及围墙沿线的,空间形态多为密植分隔形态的"黑"空间,群落结构以乔灌草搭配为主;面向水面的开敞空间以地被或草坪为主;靠近道路节点的地方为了强调视线引导和场地界定,有乔草结构的表达;灌草结构运用较少,只在小块场地出现,或运用于林缘外侧。这几种配置所反映的立面结构设计营造了不同的景观效果,见图 7-8、9、10。

图 7-8　草坪、灌草植物配置立面分析图
Fig. 7-8　The elevation analysis diagram of lawn and shrubs planting of the Central Park

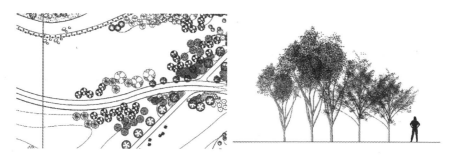

图 7-9　乔草植物配置
Fig. 7-9　The elevation analysis diagram of trees and grass planting of the Central Park

### 7.2.5　植物色彩语言的运用

在盐城经济开发区中心公园植物造景方案中,植物色彩及季相变化也在重点考虑范围之内。水墨画以各种深浅不同的墨色变化为主,辅以各种明度、纯度不同的色彩变化,营造了一幅幅色彩或典雅或浓郁的画

图 7-10 乔灌草植物配置立面分析图

Fig. 7-10 **The elevation analysis diagram of trees, shrubs and grass planting of the Central Park**

卷,其中的色彩语言值得借鉴学习。在选用的植物品种中,香樟、雪松、女贞、广玉兰、垂柳、合欢、鹅掌楸等品种尽管都以绿色为主,但是不同植物的绿色深浅各不一样,这就好像墨色的深浅配合,体现同类色的配置运用;色叶树种运用较多,如银杏、鸡爪槭、水杉等,秋天来临之后树叶或黄或红,和雪松、女贞、香樟等常绿树种就形成了色彩的对比变化或互补变化;有些开花植物的花朵色彩较浅,如桂花的白、樱花的粉、迎春的黄,和背景中所运用的深绿色雪松、香樟会形成明度上的对比(图 7-11)。这些色彩语言的运用为公园的植物景观营造活泼欢快的气氛,与公园的总体规划协调一致,运用现代的景观设计手法,突出体现浓郁的人文气息与文化氛围,为市民提供真正健康、生态的绿色开放空间与场所[142]。

扫码可见彩图

图 7-11 中心公园基于色相变化的植物设计

Fig. 7-11 **The planting design based on the color change in the Central Park**

图片来源:南京林业大学风景园林学院

### 7.2.6 植物景观的意境语言表现

盐城经济开发区中心公园的规划定位和主题之一是突出人本情怀、尊重自然生态,借自然之物,仿自然之形,引自然之象,循自然之理,传自然之神。充分发挥自然生物的生态效应与美化环境的社会效应,遵循天人合一的原则,进行空间环境的再创造,达到人与自然的共生。因此其植物意境语言不仅仅体现自身的情感语言,表现出大家约定俗成的一些文化意境,还应该体现新时期工业主题下的植物生态和植物意境。

（一）因地制宜,凸显地域特色意境

尽量选择富有地域色彩的乡土树种。这些乡土植物与盐城的经济、文化、历史有着密切的联系,如盐城的市树女贞、银杏,市花植物紫薇、牡丹,这些地域植物已经成为盐城城市的象征之一,因此地域特色植物在展现城市地方特色的同时,也让城市居民有城市归属感、维护感和荣誉感,会激发人们热爱家乡、热爱生活的热情。

（二）以绿为主,打造人与自然高度融合的绿色空间

体现生态文化意境,与城市绿地系统融为一体,强调生态学理念的运用,尽量展现植物的自然群落状态,防护与美观并重,追求和谐并生、有机生长。多用乡土植物材料,以适应本地生长。在游人休息的区域布置色叶树种和开花植物,使游人可以感受到大自然的氛围,体验到植物缤纷色彩带来的轻松愉悦(图7-12)。

**图7-12　人与自然的融合**
**Fig. 7-12　The harmony between human and natural**
图片来源:南京林业大学风景园林学院

（三）突出主题文化氛围,营造汽车主题园植物意境语言

以简约大方的植物景观环境、空间风格表达工业园区的文化内涵和

精神风貌,体现场所感,增加园区的城市空间活力,集聚人气,使其成为优质投资环境的名片。植物设计和主题表达相辅相成,如沿路设置犹如螺丝钉式的小品坐凳,与植物造景结合塑造可观可赏、有趣有意义的场所空间。富有现代感的钢结构的花架亭廊结合玻璃材质,与高大的乔木结合设计,可以给人们提供遮阴避阳的休息场所,本身又是一处景点(图 7-13)。

**图 7-13 植物与主题景观小品的融合**

**Fig. 7-13 Fusion of plants and thematic landscape sketches**

图片来源:南京林业大学风景园林学院

# 8　结论与讨论

　　城市自然式植物景观是城市人居环境的重要组成部分,是城市及其居民持续获得自然生态服务的重要保障。随着生态意识的增强和人居环境建设的快速发展,人们普遍产生了对自然环境的追求。自然式植物造景在中国虽然古已有之,但纵观园林理论系统,这方面的系统研究还为数较少或仅停留在宏观的层面,这种现状很难满足当前园林建设空前繁荣的要求。长期以来,风景园林工作者凭借经验和对植物美学的理解进行自然式植物造景,尽管不乏成功的案例,但也有许多值得商榷之处。传统的自然式植物造景理论和方法已经很难适应城市化背景下的需求,因此植物造景理论研究工作显得格外重要。如何总结出一套更具针对性和操作性的自然式植物造景方法,成为目前风景园林工作的一个课题。

　　基于此,本研究在分析水墨画图式语言和自然式植物造景的历史渊源及相关研究理论及技术基础上,从水墨画图式语言的原则及具体形式入手,提出了基于水墨画图式语言的自然式植物造景理论与方法体系,详细探讨了自然式植物造景的平面布局、空间形态、立面结构、色彩及意境语言;并通过杭州花港观鱼公园等经典案例或景点、盐城经济开发区中心公园的项目实践,研究了基于水墨画图式语言的自然式植物造景研究的科学性和可行性。

　　本研究的主要结论、创新点和不足之处概括如下。

## 8.1　主 要 结 论

　　(一)总结了水墨画图式语言的抽象原则、总体特征和语言构建,并将其与自然式植物造景相对应,形成适合于植物造景的总体形式原则,从宏观的角度对自然式植物造景进行指导,弥补了经验性操作及主观性操作带来的缺陷,提高了工作效率,增加了自然式植物造景的理性和科学性。

　　(二)将水墨画的具体构图语言运用于自然式植物造景,形成适合于植物景观营造的平面布局语言,将水墨画的空间语言转化为自然式植物景观的空间形态,将水墨画千变万化的墨色层次与植物景观的立面结构联系起来,以及对自然式植物造景的色彩及意境语言的研究。通过这些分析和研究,能事半功倍地对城市绿地进行植物设计,这也为城市自然式植物造景提供了一种新思路和新方法。

(三)经典自然式植物造景案例及实践项目运用表明,基于水墨画图式语言的自然式植物造景的理论与方法体系,弥补了传统自然式植物造景理论与方法在植物造景总体形式原则,具体的平面、立面及空间布局形式等方面的重大缺陷,丰富了自然式植物造景的理论与方法。

## 8.2 主要创新点

(一)丰富和完善了自然式植物造景理论与方法体系

随着生态意识的增强和人居环境建设的快速发展,人们普遍产生了对自然环境的追求,自然植物景观因而日益受到人们的重视,但自然式植物造景形式理论研究还为数较少,一般都局限于历史传承关系以及宏观的美学原则方面的研究,没有形成完整的研究体系,这种现状很难满足当前园林建设空前繁荣的要求。本书以水墨画图式语言为基础,针对自然式植物造景的形式体系的主要内容,分别对自然式植物造景的形式原则、平面布局、空间形态、立面结构、色彩及意境语言提出了更加合理的设计方法,形成了合理的、易于操作的基于水墨画图式语言的自然式植物造景理论与方法体系。

(二)提出了可操作的图式语言转化方法

针对自然式植物造景形式及美学方面的研究往往以宏观阐述为主,将植物造景形式与具体画体的图式相比较研究的更是寥寥无几。本书不仅提出水墨画图式语言可以在自然式植物造景中借鉴使用,还提出了具有一定操作性的转化方法,通过软件的技术使用,可以将水墨画图式语言转化为自然式植物造景的平面、立面及空间形态语言,这为自然式植物造景规划设计提供了一种新思路。

## 8.3 不足之处

(一)本项研究牵涉风景园林学、植物学、美学、信息技术等学科,由于笔者专业背景的限制以及研究能力有限,尚有许多方面的研究未能涉及,文中缺憾在所难免,待于日后随着研究的深入进行补充和修正。

（二）本书对基于水墨画图式语言的自然式植物造景的理论研究尚处于定性的层面,采用的是传统的图式分析的方法,在研究中提出了自然式植物造景的总体形式原则,以及基于具体图式语言的自然式植物造景的布局与空间形态,研究上不能完全上升到量化的高度,只是在5.4章节中稍有涉及而已。相信未来会有更多的计算机软件和科学的方法可以用于进一步阐述自然式植物造景的结构和空间。

（三）在基于水墨画图式语言的自然式植物造景的各类形式语言中,场地形状与具体水墨画画面形状的对应关系、场地与画幅的尺度关系等概念还未能准确地建立起来,这对本书的科学性来说是一个不尽如人意的地方。

（四）鉴于对基于水墨画图式语言的自然式植物造景的理论研究工作还处于初级阶段,再加上笔者调研和接触的优秀案例和实际项目数量有限,因此,在文章提及的相关实践案例的代表性上略显不足,只能侧重于理论研究初步成果在项目中相关规划方法和手段的阐述。在今后其他不同类型、不同场地的自然式植物造景工作中借鉴运用水墨画图式语言,不断总结和创新,丰富规划理论研究成果。

（五）本书使用对比研究的方法,将水墨画图式语言与自然式植物造景相结合,总结出系列原则和方法运用到经典案例分析及实践当中,如平面布局形式、空间形态。但由于电脑技术等方面的不足,关于具体运用水墨画图式语言并将其转化为景观设计图的实践,目前尚未开展。

# 参考文献

［1］张家骥. 中国造园艺术史[M]. 太原:山西人民出版社,2004.

［2］张浪. 图解中国园林建筑艺术[M]. 合肥:安徽科学技术出版社,1996.

［3］〔宋〕李成. 寒林平野图.

［4］权品. 柏拉图美学思想管窥[J]. 内蒙古师范大学学报(哲学社会科学版),2007,36(6):235-237.

［5］〔晋〕王羲之. 王羲之兰亭序[M]. 杭州:浙江古籍出版社,2007.

［6］〔唐〕张彦远. 历代名画记叙论[M]//俞剑华. 中国古代画论类编:上. 北京:人民美术出版社,2004.

［7］郦芷若,朱建宁. 西方园林[M]. 郑州:河南科学技术出版社,2002.

［8］[法]Gabrielle van Zuylen. 世界花园:人间的伊甸园[M]. 幽石,译. 上海:上海书店出版社,2001.

［9］[意]薄迦丘. 十日谈[M]. 钱鸿嘉,泰和庠,田青,译. 南京:译林出版社,1993.

［10］周武忠. 寻求伊甸园:中西古典园林艺术比较[M]. 南京:东南大学出版社,2002.

［11］王晓俊. 西方现代园林设计[M]. 南京:东南大学出版社,2001.

［12］陈志华. 外国造园艺术[M]. 郑州:河南科学技术出版社,2001.

［13］[美]麦克哈格. 设计结合自然[M]. 芮经纬,译. 北京:中国建筑工业出版社,1992.

［14］李雄. 园林植物景观的空间意象和结构解析研究[D]. 北京:北京林业大学,2006.

［15］[英]克劳斯顿. 风景园林植物配置[M]. 北京:中国建筑工业出版社,1992.

［16］王向荣,林箐. 西方现代景观设计的理论与实践[M]. 北京:中国建筑工业出版社,2002.

［17］[日]针之谷钟吉. 西方造园变迁史:从伊甸园到天然公园[M]. 邹洪

灿,译.北京:中国建筑工业出版社,1991.

[18] [美]南希 A·莱斯辛斯基.植物景观设计[M].卓丽环,译.北京:中国林业出版社,2004.

[19] 何平,彭重华.城市绿地:植物配置及其造景[M].北京:中国林业出版社,2001.

[20] 周武忠,瞿辉,等.园林植物配置[M].北京:中国农业出版社,1999.

[21] 吴涤新,何乃深.园林植物景观[M].北京:中国建筑工业出版社,2004.

[22] 周维权.中国古典园林史[M].北京:清华大学出版社,1990.

[23] 周武忠.园林美学[M].北京:中国农业出版社,1996.

[24] 陈鼓应.老子注译及评介[M].北京:中华书局,1984.

[25] 〔宋〕郭熙.林泉高致[M]//沈子丞.历代论画名著汇编.北京:文物出版社,1982.

[26] 〔南朝宋〕宗炳.画山水序[M]//俞剑华.中国古代画论类编:上.北京:人民美术出版社,2004.

[27] 宗白华.艺境[M].北京:北京大学出版社,1997.

[28] 金学智.中国园林美学[M].北京:中国建筑工业出版社,2005.

[29] 朱钧珍.中国园林植物景观艺术[M].北京:中国建筑工业出版社,2003.

[30] 杭州市园林管理局.杭州园林植物配置:专辑[M].北京:城市建设杂志社,1981.

[31] 苏雪痕.植物造景[M].北京:中国林业出版社,2001.

[32] 马百泉.王维——文人水墨画的奠基者[J].美与时代(下半月),2004(11):21-23.

[33] 汪菊渊.中国古代园林史纲要[M].北京:北京林学院园林系,1980.

[34] 汪菊渊.中国山水园的历史发展[J].中国园林,1985(3):32.

[35] 〔明〕计成.园冶注释[M].2版.陈植,注释.北京:中国建筑工业出版社,1988.

[36] 〔明〕文震亨.长物志校注[M].陈植,注释.南京:江苏科学技术出版社,1984.

[37] 〔唐〕王维.山水诀[M]//俞剑华.中国古代画论类编:上.北京:人民美术出版社,2004.

[38]〔宋〕李成.山水诀[M]//俞剑华.中国古代画论类编:上.北京:人民
　　美术出版社,2004.

[39]〔元〕黄公望.写山水诀[M]//俞剑华.中国古代画论类编:下.北京:
　　人民美术出版社,2004.

[40]〔清〕朱若极.石涛画语录[M]//俞剑华.中国古代画论类编.北京:
　　人民美术出版社,2004.

[41]〔清〕笪重光.画筌[M]//俞剑华.中国古代画论类编:下.北京:人民
　　美术出版社,2004.

[42]〔唐〕王维.山水论[M]//俞剑华.中国古代画论类编:上.北京:人民
　　美术出版社,2004.

[43]〔清〕陈淏子.花镜[M].伊钦恒,校注.北京:农业出版社,1980.

[44]王欣.传统园林种植设计理论研究[D].北京:北京林业大学,2005.

[45]余树勋.园林美与园林艺术[M].北京:科学出版社,1987.

[46]彭一刚.中国古典园林分析[M].北京:中国建筑工业出版社,2004.

[47]孙筱祥.园林艺术及园林设计[M].北京:北京林学院,1981.

[48]陈从周.园林谈丛[M].上海:上海文化出版社,1980.

[49]马军山.现代园林种植设计研究[D].北京:北京林业大学,2004.

[50]沈柔坚.中国美术辞典[M].上海:上海辞书出版社,1987.

[51]郎承文.中国画构图大全[M].杭州:浙江人民美术出版社,2002.

[52]陈传席.中国山水画史[M].天津:天津人民美术出版社,2001.

[53]张刚.浅析中国水墨画的表现特征[J].美与时代(下半月),2005
　　(6):25-26.

[54]韩玮.中国画构图艺术[M].济南:山东美术出版社,2002.

[55]〔晋〕顾恺之.论画[M]//俞剑华.中国古代画论类编.北京:人民美
　　术出版社,2004.

[56]〔晋〕顾恺之.画云台山记[M]//俞剑华.中国古代画论类编.北京:
　　人民美术出版社,2004.

[57]王庆卫.论"气韵"的艺术理念[D].济南:山东师范大学,2001.

[58]〔五代〕荆浩.笔法记[M]//沈子丞.历代论画名著汇编.北京:文物
　　出版社,1982.

[59]〔清〕沈宗骞.芥舟学画编[M]//俞剑华.中国古代画论类编:下.北
　　京:人民美术出版社,2004.

［60］朱颖人.名家讲学笔记［M］.南宁:广西美术出版社,2004.

［61］〔明〕徐渭.墨葡萄.

［62］齐白石.蛙声十里出山泉.

［63］〔元〕倪瓒.容膝斋图.

［64］〔元〕王蒙.夏山高隐图.

［65］〔宋〕范宽.溪山行旅图.

［66］李峰.中国画构图法则［M］.南宁:广西美术出版社,2005.

［67］董欣宾,郑奇.中国绘画对偶范畴论［M］.南京:江苏美术出版社,1990.

［68］郭颖.浅谈中国画的构图法则［J］.美术大观,2010(9):70.

［69］齐白石.草石游虾.

［70］林风眠.荷塘.

［71］潘天寿.秋晨.

［72］潘天寿.潘天寿美术文集［M］.北京:人民美术出版社,1983.

［73］潘天寿.听天阁画谈随笔［M］.上海:上海人民美术出版社,1981.

［74］〔南朝齐〕谢赫.古画品录［M］//沈子丞.历代论画名著汇编［M］.北京:文物出版社,1982.

［75］〔清〕方薰.山静居画论［M］.杭州:西泠印社出版社,2009.

［76］宗白华.美学散步［M］.上海:上海人民出版社,2002.

［77］［英］西蒙·贝尔.景观的视觉设计要素［M］.北京:中国建筑工业出版社,2005.

［78］李文广,周伟东,华琳.观赏树木种植形式的探讨［J］.防护林科技,2001(6):61-62.

［79］陈尔鹤,赵景逵.从唐宋元山水画看写意山水园形成时期［J］.中国园林,1988(1):27.

［80］庄子.庄子·天道［M］//周永年.文白对照全译诸子百家集成:老子·庄子.长春:时代文艺出版社,2002.

［81］杨娜.王维与苏轼的文人画理论［J］.美术观察,2011(7):101-104.

［82］汪菊洲.中国山水园的历史发展［J］.中国园林,1985(3):32-36.

［83］葛荣晋.道家文化与现代文明［M］.北京:中国人民大学出版社,1991.

［84］史军.中国哲学中的生态哲学思想［J］.沙洋师范高等专科学校学

报,2002(5):40-42.

[85] 老子[M]//周永年.文白对照全译诸子百家集成:老子·庄子.长春:时代文艺出版社,2002.

[86] 〔宋〕苏轼.净因院画记[M]//俞剑华.中国古代画论类编:上.北京:人民美术出版社,2004.

[87] 龚道德,张青萍.中国古典园林中人、自然、园林三者关系之探究[J].中国园林,2010(8):56-58.

[88] 李可染.漓江山水.

[89] 〔元〕高克恭.云横秀岭图.

[90] 〔明〕董其昌.画禅室随笔[M]//沈子丞.历代论画名著汇编.北京:文物出版社,1982.

[91] 潘天寿.晴霞.

[92] 〔清〕龚贤.山水.

[93] 李可染.清漓渔歌.

[94] 齐白石.自称.

[95] 王磊,汤庚国.园林植物及其应用——植物造景的基本原理及应用[J].林业科技开发,2003(5):71-73.

[96] 潘天寿.颐者所喜.

[97] 黄胄.洪荒风雪.

[98] 〔五代〕黄筌.写生珍禽图.

[99] 〔唐〕韩滉.五牛图.

[100] 〔唐〕孙位.高逸图.

[101] 〔清〕吴昌硕.依样.

[102] 〔明〕唐寅.春雨鸣禽图.

[103] 李伟强.园林植物空间营造研究——以杭州西湖园林绿地为例[D].杭州:浙江大学,2007.

[104] 〔宋〕马远.梅石溪凫图.

[105] 潘天寿.秋晨.

[106] 修改为敦煌壁画[EB/OL].http://baike.baidu.com/view/45671.htm,20160211

[107] 李可染.凌云山顶.

[108] 林风眠.猫头鹰.

[109] 张大千. 春山暮云图.

[110] 潘天寿. 葫芦菊花.

[111] 潘天寿. 江山如画.

[112] 潘天寿. 闲向阶前啄绿苔.

[113] [美]CHING F D K. 建筑:形式、空间和秩序[M]. 北京:中国建筑工业出版社,1987.

[114] 李泽民. 花鸟画构图法[M]. 天津:天津人民美术出版社,2009.

[115] 傅抱石. 井冈山.

[116] 〔明〕八大山人. 杂画图册之一.

[117] 潘天寿. 映日.

[118] 边平恕. 吴昌硕绘画艺术思想初探[J]. 浙江树人大学学报,2003(4):46-50.

[119] 吴毅. 中国水墨文化源流[J]. 美术,2003(11):22.

[120] 〔明〕徐渭. 黄甲图.

[121] 潘天寿. 朝露.

[122] 齐白石. 和平.

[123] 李冠衡. 从园林植物景观评价的角度探讨植物造景艺术[D]. 北京:北京林业大学,2010.

[124] 马春喜,李青松. 关于园林植物造景艺术的探讨[J]. 河北职业技术学院学报,2002(4):24-27.

[125] 荆丹娟. 季节性景观规划设计研究[D]. 南京:南京林业大学,2006.

[126] 陈晓娟,潘迎珍,吉文丽. 论园林植物造景艺术[J]. 西北林学院学报,1995(10):84-88.

[127] 〔宋〕马远. 寒江独钓.

[128] 武洪滨. 诗情画意中的时空观[J]. 齐鲁艺苑(山东艺术学院学报),2003(2):25-26.

[129] 刘家麒,潘家莹. 意境和园林意境浅探[M]//李嘉乐,张文德. 园林无俗情. 南京:南京出版社,1994.

[130] 陈有民. 园林植物与意境美[J]. 中国园林,1985(4):28.

[131] 江岚. 现代园林植物造景意境研究——"点"空间植物造景初探[D]. 南京:南京林业大学,2004.

[132] 芦建国. 种植设计[M]. 北京:中国建筑工业出版社,2008.

[133] 赵爱华,李冬梅,胡海燕,等.园林植物景观的形式美与意境美浅析[J].西北林学院学报,2004,19(4):170-173.

[134] 沈员萍.现代园林植物造景意境研究——"线性"空间植物造景初探[D].南京:南京林业大学,2004.

[135] 黄月华.杭州花港观鱼公园植物景观分析[D].杭州:浙江大学,2009.

[136] 李珏.植物造景案例研究[D].杭州:浙江大学,2005.

[137] 马军山.杭州花港观鱼公园种植设计研究[J].华中建筑,2004(4):104-110.

[138] 余树勋.谈植物造园[J].中国园林,1988(2):2-6.

[139] 沙篾孙,李建伟.园林植物配置艺术的探讨[J].中国园林,1986(3):6-10.

[140] 易小林,秦华,刘磊.当前植物造景中的几个问题分析及对策研究[J].中国园林,2002(1):84-86.

[141] 瞿辉.论园林中的植物造景[J].中国园林,1997(4):50-51.

[142] 黄文捷.园林空间小议[J].中国园林,1998(3):28-29.

**图书在版编目(CIP)数据**

水墨画图式语言与自然式植物造景/张凯云,王浩
著. —南京:东南大学出版社,2020.11
ISBN 978-7-5641-7264-0

Ⅰ.①自… Ⅱ.①张… ②王… Ⅲ.①园林植物—景
观设计 Ⅳ.TU986.2

中国版本图书馆 CIP 数据核字(2017)第 166548 号

**水墨画图式语言与自然式植物造景**
SHUIMOHUA TUSHI YUYAN YU ZIRANSHI ZHIWU ZAOJING

著　　者:张凯云　王　浩
出版发行:东南大学出版社
社　　址:南京四牌楼 2 号　　邮编:210096
出 版 人:江建中
网　　址:http://www.seupress.com
电子邮箱:press@seupress.com
经　　销:全国各地新华书店
印　　刷:南京玉河印刷厂
开　　本:700 mm×1000 mm　1/16
印　　张:11.5
字　　数:197 千
版　　次:2020 年 11 月第 1 版
印　　次:2020 年 11 月第 1 次印刷
书　　号:ISBN 978-7-5641-7264-0
定　　价:49.00 元

本社图书若有印装质量问题,请直接与营销部联系。电话(传真):025-83791830

娱乐活动空间。主要景点为铺装印记、蒸汽机小品以及风之韵车标小品等。

入口广场入口处为开敞的文化铺地广场,中心部位内圆外方,南端东西两侧设置对称式花坛,增强色彩变化,烘托轴线气氛。

车事广场在景观上是对中心轴线文化主题的汇总和升华,在功能上主要满足市民大型集会、庆典、新车发布等活动的需求。广场采用较大尺度的犹如汽车轮胎的圆形为构图元素,中心为下沉式小型舞台,外侧由放射状道路通向园内一级道路和附近的其他景点。中心下沉舞台由较大尺度的台阶和花坛围合而成,舞池中心设旱喷,与旱喷配合的铺地图案采用富有张力的现代构图手法,结合台阶内部的灯光和音响设备,从多角度营造中心广场的热烈氛围。临水处设两排汽车文化景观柱,雕刻了表现汽车文化元素的图案。

车事广场临水驳岸的处理,采用规则式的直线与折线,强调岸线的刚性,与南侧的自然式软岸形成对比,丰富水岸岸线形式。

# 7.2 植物造景概述

在进行植物造景之前,要进行场地勘察、当地的土壤及气候调查、适生树种调查等准备工作,要根据场地地形和设计要求,确定总的势,也就是"置陈布势",做到心中有数,才能对植物细节造景形式成竹在胸。考虑好整体布局,意在笔先,对后期的细节把握意义重大[138]。

### 7.2.1 植物造景原则

#### 7.2.1.1 总体原则

(一)地域性原则:按照适地适树的原则选择树种,充分考虑盐城的地方性气候、土壤条件,尽可能选用常绿阔叶树种及色叶开花灌木,确保设计方案科学可行。

(二)观赏性原则:确定以自然式植物造景为主要特色,营造复合式植物群落,形成丰富、优美的植物景观,创造独特的自然艺术魅力。

(三)功能性原则:通过对植物材料的品种、规格及搭配方式的精心选择,确保景观效果;同时结合公园主题及分区进行配置,使植物景观发挥最大的功效。

(四)经济性原则:合理利用乔、灌、花、草,常青及落叶,搭配比例科